国家"十二五"重点图书出版规划项目
国家科技部：2014年全国优秀科普作品

新能源在召唤丛书

XINNENGYUAN ZAIZHAOHUAN CONGSHU

HUASHUO SHENGWUZHINENG

话说生物质能

翁史烈　主编　　武济民　张金观　著

广西教育出版社

科普的要素是培育，既是科学知识、科学技能的培育，更是科学方法、科学精神、科学思想的培育。优秀科普图书的创作、传播和阅读，对提高公众特别是青少年的素质意义重大，对国家、民族的和谐发展影响深远。把科学普及公众，让技术走进大众，既是社会的需要，更是出版者的责任。我社成立 30 多年来，在教育界、科技界特别是科普界的支持下，坚持不懈地探索一条面向公众特别是面向青少年的切实而有效的科普之路，逐步形成了"一条主线"和"四个为主"的优秀科普图书策划组织、编辑出版的特色。"一条主线"就是：以普及科学技术知识，弘扬科学人文精神，传播科学思想方法，倡导科学文明生活为主线。"四个为主"就是：一、内容上要新旧结合，以新为主；二、形式上要图文并茂，以文为主；三、论述上要利弊兼述，以利为主；四、文字上要深入浅出，以浅为主。

　　《新能源在召唤丛书》是继《海洋在召唤丛书》《太空在召唤丛书》之后，我社策划组织、编辑出版的第三套关于高科技的科普丛书。《海洋在召唤丛书》由中国科学院王颖院士担任主编，以南京大学海洋科学研究中心为依托，该中心的专家学者为主要作者；《太空在召唤丛书》由中国科学院庄逢甘院士担任主编，以中国航天科技集团旗下的《航天》杂志社为依托，该社的科普作家为主要作者。这套《新能源在召唤丛书》则由中国工程院翁史烈院士担任主编，以上海市科协旗下的老科技工作者协会为依托，该协会的会员为主要作者。前两套丛书出版后，都收到了社会效益和经济效益俱佳的效果。《海洋在召唤丛书》销售了 5 千多套，被共青团中央列入"中国青少年21 世纪读书计划新书推荐"书目；《太空在召唤丛书》销售了 1 万多套，获得了科技部、新闻出版总署（现国家新闻出版广电总局）

颁发的全国优秀科技图书奖,并被新闻出版总署(现国家新闻出版广电总局)列为"向全国青少年推荐的百种优秀图书"之一。这套《新能源在召唤丛书》出版3年多来不仅销售了3万多套,而且显现了多媒体、多语种的融合,社会效益非常显著:

——2013年被增补为国家"十二五"重点图书出版规划项目;

——2014年被科技部评为全国优秀科普作品;

——2015年被广西新闻出版广电局推荐为20种优秀桂版图书之一;

——2016年其"青少年新能源科普教育复合出版物"被列为国家"十三五"重点图书出版规划项目,摘要制作的《水能概述》被科技部、中国科学院评为全国优秀科普微视频;其中4卷被广西新闻出版广电局列入广西农家书屋推荐书目;

——2017年其中2卷被国家新闻出版广电总局列入全国农家书屋推荐书目,4卷被广西新闻出版广电局列入广西农家书屋推荐书目,更有7卷通过版权贸易翻译成越南语在越南出版。

我们知道,新能源是建立现代文明社会的重要物资基础;我们更知道,一代又一代高素质的青少年,是人类社会永续发展最重要的人力资源,是取之不尽、用之不竭的"新能源"。我们希望,这套丛书能够成为新能源时代的标志性科普读物;我们更希望,这套丛书能够为培育科学地开发、利用新能源的新一代建设者提供正能量。

广西教育出版社

2013 年 12 月

2017 年 12 月修订

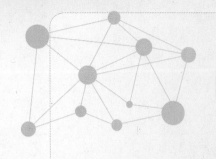

主编寄语

　　建设创新型国家是中国现代化事业的重要目标，要实现这个宏伟目标，大力发展战略性新兴产业，努力提高公众的科学素质，坚持做好科学普及工作，是一个重要的任务。为快速发展低碳经济，加强环境保护，因地制宜，积极开发利用各种新能源，走向世界的前列，让青少年了解新能源科技知识和产业状况，是完全必要的。

　　为此，广西教育出版社和上海市老科技工作者协会合作，组织出版一套面向青少年的《新能源在召唤丛书》，是及时的、可贵的。两地相距两千多公里，打破了地域、时空的限制，在网络上联络而建立合作关系，本身就是依靠信息科技、发展科普文化的佳话。

　　上海市老科技工作者协会成立于1984年，下设十多个专业协会与各工作委员会，现有会员一万余人，半数以上具有高级职称，拥有许多科技领域的专家。协会成立近30年来开展了科学普及方面的许多工作，不仅与出版社合作，组织出版了大量的科普或专业著作，而且与各省、市建立了广泛的联系，组织科普讲师团成员应邀到当地讲课。此次与广西教育出版社合作，出版《新能源在召唤丛书》，每一册都是由相关专家精心撰写的，内容新颖，图文并茂，不仅介绍了各种新能源，而且指出了在新能源开发、利用中所存在的各种问题。向青少年普及新能源知识，又多了一套优秀的科普书籍。

　　相信这套丛书的出版，是今后长期合作的开始。感谢上海老科协的专家付出的辛勤劳动，感谢广西教育出版社的诚恳、信赖。祝愿上海老科协专家们在科普写作中快乐而为、主动而为，撰写出更多的优秀科普著作。

2013 年 11 月

主编简介

　　翁史烈：中国工程院院士。1952 年毕业于上海交通大学。1962 年毕业于苏联列宁格勒造船学院，获科学技术副博士学位。历任上海交通大学动力机械工程系副主任、主任，上海交通大学副校长、校长。曾任国务院学位委员会委员，教育部科学技术委员会主任，中国动力工程学会理事长，中国能源研究会常务理事，中欧国际工商学院董事长，上海市科学技术协会主席，上海工程热物理学会理事长，上海能源研究会副理事长、理事长，上海市院士咨询与学术活动中心主任。

写在前面

　　展现在您眼前的新书是我们奉献给读者，特别是广大青少年朋友的科普"佳肴"，让大家对"生物质能"有个基本的初步了解，为您深入学习和创新工作提供点滴常识或者智慧，若能在您的未来事业大厦上铺就只砖片瓦，我们就非常高兴了。

　　能源消耗在快速增长的同时，也带来了环境污染、气候变坏、生态破坏等问题，已引起全球的关注，纷纷从政治、经济、外交甚至军事的角度制定应对措施，以确保国计民生的能源安全。这是我们每每心中不安却又时时关注的。

　　生物质能源是资源丰富、好加工转换、便于储运、可再生的绿色能源，是其他新能源、可再生能源不可比拟的。当前世界各国都采取强有力的措施推动生物质能源的发展。我国有数以亿吨计的生物质能源原材料，而且生物质能源历来是农村生活和生产的支柱能源，所以，我国的生物质能源在未来建设发展中，将占有更重要的位置。

　　我们在本书编写中尽力做到科学性、趣味性与通俗易懂、好学好用相结合。现代生物质能的科技发展真是日新月异，许多产品及其生产的技术、设备都涉及诸多科学技术领域，我们备感水平有限、能力不足，因此，本书难免有疏漏和缺陷，敬请专家和广大读者批评指正。

　　在本书编写中得到中国科学院上海植物生态研究所研究员沈允钢院士的指教和帮助，还有上海市老年科技工作者协会领导及各方朋友们的帮助、支持，在此表示深切谢意。

2013 年 7 月

目录
Contents

目录
Contents

目录
Contents

开头的话

原始社会生物质能源是人类的主要能源

火是光明和热量的象征。在自然界，雷电常常引起森林大火，人类发现一些野兽或者植物种子等被烧熟了，大胆地尝试吃了，感到"味道好极了"！于是逐步过渡到熟食。在中华民族的悠久发展历史中，传说原始社会燧人氏发明了钻木取火，生物质转化成光和热，人们慢慢走上熟食时代，火加速了人类生活水平的提高和社会关系的演变。

燧人氏钻木取火，火促进人类进入熟食时代，使人类社会快速发展

原始社会人类生活的生态环境
及主要依靠的生物质能源

用生物质烧制的精美原始陶器

草屋

　　人类在自然界发现火山爆发、森林火灾；一些地区的硫黄遇到撞击或在其他条件下引起自燃；另外，有的地方地下天然气或者有植物腐烂的池塘内散发出的沼气在遇到火星时会起大火。光亮和热量对洞居的人们是最重要的，特别在寒冷、冰冻的时候。人类有意识地利用树木、枯草等作为燃烧材料——生物质能源，促使生物质能的生产和利用达到了更高水平。

　　早在新石器时代，人们在烧制陶器时就认识了木炭，把它当作燃料。商周时期，人们在冶金中广泛使用木炭。木炭灰分比木柴少，强度高，是比木柴更好的燃料。硫黄天然存在，很早人们就开采它。在生活和生产中经常接触到硫黄，如温泉会释放出硫黄的气味；冶炼金属时，逸出的二氧化硫刺鼻难闻，给人留下深刻印象。古人掌握最早的硝，可能是墙角和屋根下的土硝，硝的主要成分是硝酸钾，其化学性质很活泼，能与很多物质发生反应，南北朝时陶弘景的《本草经集注》中就说过："以火烧之，紫青烟起，云是硝石也。"这和近代用焰色反应鉴别钾盐的方法相似。

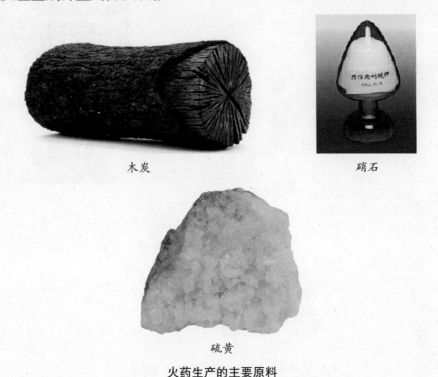

木炭

硝石

硫黄

火药生产的主要原料

硝石和硫黄一度被作为重要的药材，在汉代的《神农本草经》中，硫黄被列为中品药的第三位，能治 10 多种病。硝石被列为上品药的第六位，能治 20 多种病。人们对硝石和硫黄的研究就更为重视。

7000 年前中华大地就有人利用煤炭；3000 多年前《易经》中有"上火下泽"、"泽中有火"等记载，说明可燃的天然气在地表、湖沼水面上逸出气苗；大约距今 2000 年前，在中国西北地区人们就知道漂浮在水面的石油"然（燃）之极明"，遂收集盛入容器，用以点灯。北魏郦道元的地理名著《水经注》中，曾有用石油"膏车及水碓钉甚佳"的记载（此句意为：用原油涂在车和水碓的轴承上，甚好）。唐宋以来，用石油制作"石烛"和墨。北宋时，京城开封出现了炼制"猛火油"的作坊，所产的猛火油主要用于军事。

古代用火药制造出各种各样的武器

　　人类开发和利用能源有着漫长的历史，大约在 150 万年前开始用火，约 7000 年前开始用畜力，3000 年前开始用煤。公元前 5 世纪至公元 1 世纪期间，在高加索山脚下、里海沿岸的许多地方，都发现了油气田，有的燃烧时间很长，引来虔诚的拜火教信徒前来朝拜。

　　我国最早记载石油与石油开采的著述是在北宋时期沈括（公元 1031—1095 年）的《梦溪笔谈》中。沈括 50 岁（1080 年）时出任陕西延安府太守，在西北前线对抗强敌西夏的入侵。他在紧张的军旅生活中，仍不忘考察民间开采石油的过程，在《梦溪笔谈》中他记录了石油的存在状态与开采过程。

沈括画像，其传世著作成书于公元 1086—1093 年

在欧美工业革命之后，作为主要能源的化石燃料广泛应用于火车、轮船及发电。我国在新中国成立之后发展经济，化石能源在人们生活和社会经济中的作用越来越重要。但是，在国内的广大农村，农民还是以生物质能源为主，包括日常烧水做饭的老虎灶、取暖的火炉、照明的烛台油灯、熨衣服的熨斗，等等。

过去分布在居民社区的"老虎灶"

火炉

油灯

烛台

熨斗

我国自 20 世纪 80 年代起，实行改革开放、科技创新，积极开发和利用新的生物质能源，如燃烧低分子醇类的猛火灶、沼气发电机、生物柴油飞机、节能环保型现代化工厂，等等。

最新研制成功的燃烧
低分子醇类的猛火灶

宿迁市利华农业公司的
100 千瓦沼气发电机组

中国的生物燃油飞机试飞成功

节能环保的上海"双钱牌"轮胎厂

第一章
生物质能应对能源危机显威风

人类在很早的时候，就开始应用生物质能取得能量。生物质能在大自然的怀抱中，在光合作用下，焕发着勃勃生机。植物通过光合作用把太阳能转化为化学能，有太阳、有绿色植物，就有生物质能，可谓生物质能无处不在；它是绿色能源，可再生、可循环。现代生物技术与化学、化工技术相结合，形成的新产品、新技术与现有的化石能源技术设备相衔接，生物质能将成为未来世界最重要的新能源。

第一节　生物质能从哪里来

一　生物质能是太阳光＋绿色植物的产物

生物质能（biomass energy）就是以生物质为载体的能量。它直接或间接地来源于绿色植物的光合作用，取之不尽，用之不竭，是一

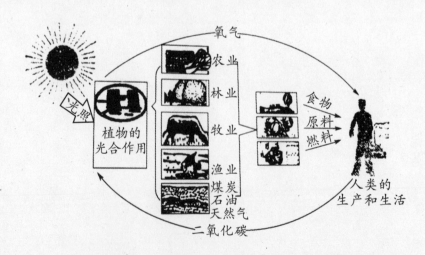

无处不在的生物质——植物的光合作用与人类的生产和生活的关系

种可再生的循环性能源。我们熟悉的化石类能源，如煤炭、石油、天然气等也是生物质中的有机物经过上亿年的时间演变而来。我们把生物质包含的能量称为生物质能。

二 生物质无处不在，形式多样

生物质（biomass，原意生物量）是指一切有生命的、可以生长的有机物质，包括所有的植物、微生物以及以植物、微生物为食物的动物及其生产的废弃物，如农作物、木材及其废弃物、动物粪便等。其狭义概念主要指除粮食、果实、纺织纤维以外的秸秆、树木等木质纤维素（简称木质素），农产品加工业的下脚料，农、林、畜牧的禽畜粪便和废弃物，城市生活的有机质垃圾以及水生生物等。总之，可利用的生物质是被人类使用后成为垃圾的有机物质。

地球上广泛分布的永续再生、不断循环的生物质

特别值得注意的是微藻的开发利用。微藻是一类在陆地、海洋分布广泛，营养丰富，光合利用度高的自养植物，其细胞代谢可产生多糖、蛋白质、色素等，使其在食品、医药、基因工程、液体燃料等领域具有很好的开发前景。

微藻种类繁多，其细胞中含有蛋白质、脂类、藻多糖、β-胡萝卜素、多种无机元素（如 Cu、Fe、Se、Mn、Zn）等高价值的营养成分和化工原料。微藻的蛋白质含量很高，是单细胞蛋白的一个重要来源。微藻还含有丰富的维生素 A、维生素 E、硫胺素、核黄素、吡多醇、维生素 B_{12}、维生素 C、生物素、肌醇、叶酸、泛酸钙和烟酸等，增加了微藻单细胞蛋白的价值。

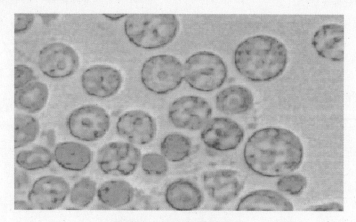

显微镜观察到的绿藻细胞

藻中类胡萝卜素含量较高，不仅具有着色和营养的作用，还有抗辐射、延缓衰老、增强机体免疫力等生理作用可用来防治癌症。化学合成的胡萝卜素均为反式的 β-胡萝卜素，对人体有致癌、致畸的作用，而顺式异构体在抗癌、抗心血管疾病功能比全反式异构体高，藻粉中 β-胡萝卜素含量高达 14%。藻细胞中甘油含量较高，是优质的化妆品原料，也是化工、轻工和医药工业中用途极广的有机中间体。藻多糖复合物可作为免疫佐剂增强抗原性和机体免疫功能，明显抑制实体瘤 S180，起到抗肿瘤的作用。微藻是最简单、最古老的低等植物之一，不仅种类多、分布广、繁殖快，而且光合作用效率高，它可直接利用阳光、二氧化碳、氮、磷等简单营养物质快速生长，并在细胞内合成大量油脂（如甘油三酯），为生物柴油生产提供新的油脂资源；同时在污水中生产的微藻还可以降低污染、净化水质。人类宇航试验研究中，微藻在飞船内微生态环境中的作用，也是值得关注的。

三 我国生物质能源及其利用

我国生物质的能源利用绝大部分用于农村生活能源，极少部分用于乡镇企业的工业生产，而利用方式长期以来一直以直接燃烧为主，只是近年来才开始采用新技术利用生物质能源，但规模较小，普及程度较低，在国家甚至农村的能源

农民使用的烧柴锅灶

结构中只占极小的比例。新中国成立前，农村绝大部分农民使用烧柴的锅灶；近年来，各地研发多种类型的节柴灶，改善农民生活，节约大量的生物质能源。

生物质直接燃烧这一方式不仅热效率低下，而且每天都排放大量的烟尘和余灰，使人们的生活环境日益恶化，不仅严重损害了人体健康；还对生态、社会和经济造成极其不利的影响。

（1）不合理地采伐森林资源作为生物质能源，必然会破坏自然植被和生态平衡。

（2）不充分利用有机垃圾、有机废水、有机废渣、禽畜粪便以及部分农业废弃物等资源，等于浪费资源，而且还会污染大气和水。排放的大量 CO_2，还会加剧全球温室效应。

（3）能源短缺问题必将成为 21 世纪阻碍国家经济持续发展的重大问题，必须予以足够的重视，并采取有效措施着力加以解决。

（4）减少污染，改善人民生活条件。不管是有机污水处理，还是城镇垃圾能源的利用或者是秸秆热解利用，一个重要的共同点就是要解决环境污染问题，这也是大部分生物质利用的首要目标。

（5）解决农村的能源供应，提高农民生活水平。

长期以来，我国农村能源供应紧张，而生物质资源丰富却利用不当。所以，开展利用生物质能，可以改善农村的能源供应，提高农民

的生活水平。

（6）改善能源结构，减轻对环境的压力。

我国可开发生物质能的生物资源每年达数十亿吨，如果能充分利用，可以在我国的能源消费中占重要的地位，这对改善我国能源结构，减少我国对石化燃料的依赖，进而减少我国 CO_2 和 SO_2 等污染物的排放，最终缓解能源消耗给环境造成的压力有重要的意义。例如发展燃料乙醇工业，能促进循环经济的发展。如图所示。

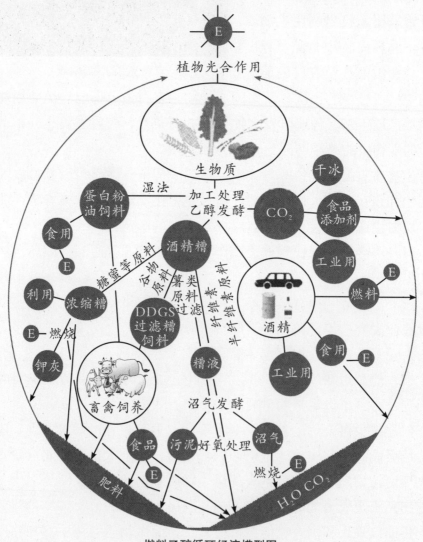

燃料乙醇循环经济模型图
（E表示能量）

四 化石能源枯竭以后怎么办

　　化石能源一天天减少，现探明可开采石油储量仅可供人类使用大约 50 年，天然气 75 年，煤炭 200～300 年，等这些能源用完了，怎么办？太阳是永恒的（在相当长时间里），绿色植物在土地上生长也是永恒的（只要保持足够的土地），通过绿色植物的光合作用，二氧化碳和水又形成有机物，使生物质能再产生。

　　生物质能转化为热能、光能、电能，其产物是二氧化碳和水，又可以参加光合作用，循环使用产生生物质。所以，在化石能源不断减少的形势下，生物质能是唯一可持续、不断循环使用的绿色能源。

五 什么是光合作用

　　光合作用是地球上最重要的化学反应。

　　光合作用是植物、藻类和某些细菌利用叶绿素，在可见光的照射下，将二氧化碳和水转化为有机物，并释放出氧气的生化过程。

　　从 1771 年以来，人类对光合作用有了基本的认识。

你知道吗

光合作用发现简史

◇1771年，英国化学家普里斯特利(J.Priestley)发现植物可净化空气，他实际上发现了植物放氧；

◆1779年，荷兰人Jon lngenhousz发现植物只有在光下才净化空气，证明光的参与；

◇1782年，瑞士科学家J.Sennebier发现CO_2可以促进植物在光下产生"纯净"空气；

◆1864年，德国科学家萨克斯(J.Sachs)观察到光照下叶绿体中的淀粉粒增大，证明光合中有有机物产生；

◇1880年，德国科学家恩格尔曼用水绵做实验证明：氧是由叶绿体释放出来的；

◆1941年，Ruben等用H_2O证明氧气来源于水光解。

光合作用

影响光合作用的因素主要是日照时间、植物叶绿素含量等。

物 质 代 谢

光反应

$$2H_2O \xrightarrow{光能} 4H^+ + O_2 + 4e^-$$
$$NADP^+ + 2e^- + H^+ \xrightarrow{酶} NADPH$$
$$ADP + Pi + 电能 \xrightarrow{酶} ATP$$

暗反应

$$C_5 + CO_2 \xrightarrow{固定} 2C_3$$
$$2C_3 \xrightarrow[ATP]{NADPH} (CH_2O)$$

能 量 代 谢

光能 ⟶ 电能

电能⟶不稳定化学能

不稳定化学能⟶稳定化学能

同化作用

①光合作用是一系列有序的化学反应。

②光合作用的内容包括物质变化和能量变化。

③光合作用总体上是同化作用过程。

光合作用是地球上最大规模的利用太阳能把二氧化碳和水等无机物合成有机物并放出氧气的过程。它的总反应式如下：

$$CO_2 + 2H_2O \xrightarrow[叶绿体]{光} (CH_2O) + O_2 + H_2O$$

光合作用的重要意义：

①合成有机物——生物质能；

②能量的转换和贮存；

③释放氧气，净化空气。

六 "石油树"遍地开花，生物质能迎接能源危机挑战

人类利用生物质能的方式主要有生物质的直接燃烧、热化学转换和生物化学转换等三种。大力开发能源植物，种植"石油树"，提炼柴油、汽油等代替化石燃料。由中国科学院西双版纳热带植物研究员杨成源带领的麻风树（膏桐）良种繁育和栽培实验示范研究小组育成的名为皱叶黑膏桐的新品种，是国际上颇具竞争力的生物柴油植物。它的叶片颜色是墨绿色、光泽突出，叶脉凹陷、叶肉隆起，树冠开阔，枝条柔软。种子含油率提高了 6.4%，达到 41.4%。种仁含油量 50%～60%。麻风树用途广泛，全身是宝。

麻风树的植株

麻风树的果实、种子

柴油在化石能源中作用突出。1983 年美国科学家 Graham Quick 首先将亚麻籽油的甲酯化，用于柴油发动机，并将可再生的脂肪酸单酯定义为生物柴油（biodiesel）。

生物柴油是生物质（植物油脂）转化的产品，是柴油的优良替代品，适用于任何柴油机，并且可以与普通柴油以任何比例混合，制成生物柴油混合燃料，展示出广阔的发展前景。我国云南、福建、四川、河北等地相继建立万吨级规模的生物柴油生产装置，形成总量约 5 万吨的生产能力。

你知道吗

生物柴油及应用

海南省是我国生态旅游基地，率先推广应用生物柴油，对改变社会经济发展方式，节约资源，防止气候恶化，保护生态环境，有着特殊的意义。

七 立志做个工程师，掌控能源生物技术
（生物质转化成二次能源）

解决能源危机，是世界各国面临的重大问题。现在的青少年一定接好班，要立志做个优秀的生物质能源工程师，把中国的能源问题解决好。人类进入 21 世纪，科技迅速发展，在能源领域形成能源生物技术（包括基因工程研究、生物育种等），即生物炼制技术，促进了生物质能的合理应用。生物质能的生物技术在我国起步较晚，但是，我国对此十分重视，并与先进国家和地区密切合作、广泛交流，发展比较快，成绩突出，把生物质转化为二次能源，创新的技术与产品层出不穷。我国在沼气发酵、生物柴油、"石油树"培育、燃料乙醇以及生态循环农业等方面都走在国际前列。

我国海洋生物工程近年来发展迅速，开发海藻生产生物柴油，在解决能源危机、保护环境、克服气候变坏等方面，有重大意义。我国沿海各科研院所、大学都在积极研发；上海世博会中国馆展出的海藻培育生产生物柴油是现代生物技术的杰出代表，展示的内容包括海藻的基因组研究及其脂肪酸高产菌株的构建、海藻管道培养工程及其计算机控制技术、脂肪酸酯化及其纯化技术。海藻生物柴油是海洋生物工程的亮点。相关成果引起国内外观众的极大兴趣。

你知道吗

生物质的生物技术加工流程及其产品

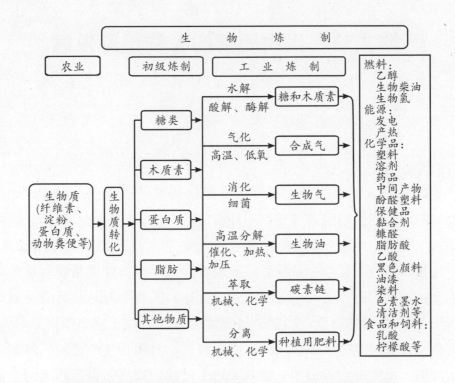

生 物 炼 制

农业　　初级炼制　　工业炼制

生物质(纤维素、淀粉、蛋白质、动物粪便等) → 生物质转化 →

糖类、木质素、蛋白质、脂肪、其他物质

水解
酸解、酶解 → 糖和木质素

气化
高温、低氧 → 合成气

消化
细菌 → 生物气

高温分解
催化、加热、加压 → 生物油

萃取
机械、化学 → 碳素链

分离
机械、化学 → 种植用肥料

燃料：
乙醇
生物柴油
生物氢
能源：
发电
产热
化学品：
塑料
溶剂
药品　中间产物
酚醛　塑料
保健品
黏合剂
糠醛
脂肪酸
乙酸
黑色颜料
油漆
染料
色素墨水
清洁剂等
食品和饲料：
乳酸
柠檬酸等

观众观看微藻生产生物柴油演示

第二节　生物质能的科技迅速发展

一　召唤生物质能

　　21 世纪人类面临着化石资源不断枯竭的严重局面。同时，化石燃料的加工和使用也直接导致了环境危机，造成严重的大气污染，如区域性酸雨、城市煤烟与光化学复合污染等。

　　我国具有大量的不易耕种的土地，但可以作为能源植物专业种植的土地，大约有 1 亿公顷可用于人工造林。按 20% 利用率计算，每年可生产 10 亿吨生物质。即如果这些荒地的 20% 用于能源作物如木薯、甜高粱、油料作物（如麻风树）等的种植，再用于生产燃料乙醇和生物柴油，每年可产酒精和生物柴油约 1 亿吨，相当于目前我国两个大庆油田的产油量。

　　我国每年有 7 亿吨秸秆和 25 亿吨畜禽粪便、大量有机工业废水需要无害化处理和资源化利用，仅作物秸秆和养殖业的畜禽粪便可产生 1.28 万亿立方米沼气，产值约为 1.28 万亿元。将有机垃圾通过微生物回收能源，大大减少有机物排放，防止水体的富营养化是保护我国水资源的一条根本出路。未来，广大农村走城镇化道路，积极推广沼气发酵，实现资源节约型、环境友好型的生态循环经济。

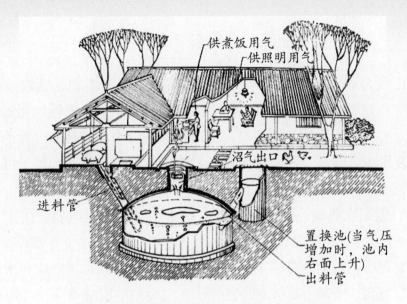

我国广大农村发展沼气发酵，形成生态循环经济

二　发展生物质能，心系中国"三农"

《中共中央国务院关于积极发展现代农业　扎实推进社会主义新农村建设的若干意见》提出，"以生物能源、生物基产品和生物质原料为主要内容的生物质产业，是拓展农业功能、促进资源利用的朝阳产业"。加强可再生能源开发利用也是我国农业综合开发的重要任务，今后将形成能源农业。

随着石油问题国际化的凸现和石油储量的下降，农业在解决能源方面的优势将会逐渐显现出来。根据中国的国情，农业是第一产业，有80%的人口居住在农村，按照中国现代化发展规划，农村要走城镇化道路，农民就要不断学习现代科学文化，用科技创新武装自己，而生物质能源产业的原料一头在"三农"，一头在加工工业和城市市场，是构建新型工农、城乡关系的最佳纽带和抓手，所以要发展生物质能，就要心系中国"三农"，培育"三农"自身的造血功能和成长机制。

三　能源农业的特殊作用与特点

1. 能源农业主要面向人类的能源需求。能源农业是从农业生产的角度和方法来解决目前日益严重的能源问题，它所提供的能源不同于传统的煤炭、石油和天然气为主的耗竭性能源，而是通过绿色植物的光合作用，固定太阳能并储存在农作物体内的有机能，属于可再生能源。

2. 能源农业必须与一定的加工技术相结合。能源农业生产的产品并不能直接利用，而是在一定的技术条件下，通过加工之后，才能被人类利用，完全不是传统的农作物秸秆或薪柴的直接燃烧利用。

3. 能源农业是一项系统的生产活动。能源农业包括能源作物的栽培管理、能源作物种质资源的筛选培育、能源农产品的加工技术和加工工艺以及使用设备的设计研发等一系列生产和研究活动。

4. 能源农业的生产过程，主要是固定大气中的 CO_2，而其利用过程主要释放 CO_2 和 H_2O。从生态系统能量流动和物质循环的角度来讲，这一过程并没有增加大气 CO_2 的排放量。因此，发展能源农业有利于控制大气中温室气体的浓度，对于避免地球表层温度的升高、保持地球生态系统的碳平衡具有重要意义。

5. 能源农业发展必将推动以生物技术为核心的综合科技发展。新的工程技术企业诞生，可促进农村城镇化发展。

6. 农民就地就业成为新工人，农民科技文化水平的提高，会加快广大农村人口科学素质的提高，同时可以改善生活水平，缩小城乡差别。

四　走进我国研究光合作用的殿堂——中国科学院植物生理研究所人工气候室

我国可转换为能源用途的作物和植物品种有 200 多种，目前适宜开发用于生产燃料乙醇的农作物主要有甘蔗、甜高粱、木薯、甘薯等

（玉米、马铃薯可用于生产燃料乙醇，但易影响国家的粮食安全，不宜作为主要品种开发），用于生产生物柴油的农作物主要有油菜等。

广大科技人员在人工气候室和田间条件的实验，加快了能源植物的遗传育种及其栽培技术研究，优化了加工的技术，使能源植物的作用得到充分发挥。

中国科学院上海植物生理研究所的人工气候室是东亚最大、科技水平最高的人工气候室，能够满足光合作用研究的需要。

人工气候室

五　杨博士和我们一起做实验

1. 杨博士和小明、莹莹等科研小组的同学们将盆栽天竺葵放到黑暗处一昼夜，然后选 6 张叶片一半曝光，另一半用黑色硬纸包好遮光。过 6～8 小时后，把 6 张叶片分两组，放入盛有酒精的小烧杯里，隔水加热，除去叶片含有的叶绿素，再滴加碘酒，发现遮光部分无颜色变化，曝光部分则呈深蓝色，是碘与淀粉的特征性反应。实验结果证明绿叶在光照下制造了淀粉，这是光合作用的产物。如下图左。

不透光纸

暗处理叶片　　照光　　碘蒸气重蒸
"半叶法"光合作用实验步骤

盆栽天竺葵的叶片是很好的
"半叶法"光合作用实验材料

2. 杨博士和实验小组的同学们在光线充足的地方，将一支点燃的蜡烛和 3 只小白鼠同时放到一个密闭的玻璃罩里，看到蜡烛不久熄灭了，3 只小白鼠也很快窒息死去。

如果将蜡烛、小白鼠与绿色植物一起放在这个玻璃罩内，蜡烛不易熄灭，小白鼠也不容易窒息而死。如果用黑纸盒将玻璃罩罩住，使它不接受太阳光线，重复做这个实验，就不能得到上述的实验结果。因为无太阳光，光合作用无法进行，也就没有氧气产生，蜡烛会熄灭，小白鼠会窒息而死。

实验结果。

（1）有太阳光照射时，在密闭的玻璃罩内，蜡烛燃烧和小白鼠呼吸需要氧气，蜡烛燃烧把氧气耗尽，蜡烛熄灭，小白鼠窒息而死；

（2）当有太阳光照射时，绿色植物可以进行光合作用，放出氧气，蜡烛不会熄灭，小白鼠仍旧活着；

（3）如果用黑色纸盒遮挡玻璃罩，无太阳光，植物不能进行光合作用，没有氧气释放，蜡烛燃烧耗尽罩内氧气，火焰熄灭，无氧气小白鼠便窒息而死，表明光合作用是阳光照射绿色植物，产生氧气。

生物质能源日渐成为可再生能源主导。中国科学院、中国工程院院士石元春近年来关注的一个重要领域是生物质能源。2006 年 5 月 16 日，他在《求是》杂志上发表了一篇题为《农业的三个战场》的文章，提到了为农业开辟第三战场和在土地里种出一个大庆油田的大胆设想。这一设

我国著名农学家石元春院士

想引起了社会的强烈反响，人们都在关注这一崭新课题。

第三节　生物质能得到科技界的关注

随着我国对石油的需求量不断扩大，石油进口量大幅度增加，对外依存度持续上升。无论出于经济因素，还是从能源安全、摆脱石油依赖、寻求石油替代品等角度来讲，发展生物质能已经成为我国发展战略的关键选择。

作为一种可再生资源，生物质能源的可贮藏性及连续转化能源的特性，决定了生物质能源将会成为非常有前景的替代能源。我国科技界借鉴国内外生物质能利用和研究现状，结合我国的国情，分析生物质能与能源安全、环境安全和粮食安全的关系，为国家制定正确的生物质能发展策略，对寻求经济与社会、资源与环境的可持续发展的路径具有重要的理论和现实意义。

我国已经启动国家战略层面的规划，动员中国科学院、清华大学及相关部委的科技力量，许多植物生理学家深入基层，进行具体的调研并指导农业生产。

国家加大科研经费投入，加大国际合作，争取在生物质能研发中有大的突破，为生物质能实际应用创造条件，包括经济政策和生物质能的价格杠杆调节作用。

现在，美国大力研发生物质能，以国家能源部的东、中、西部的三个生物质能研究中心为重点，构成跨部门的研发网络，包括糖基生物乙醇、生物柴油、纤维素为原料的第二代液体燃料及光合细菌、藻类光合直接产氢等项目。

据美国每日科学网站 2011 年 8 月报道,某个国际合作小组研究真菌产生的能降解植物细胞壁的纤维素,进而使其转化生成单糖,用于生产生物燃料乙醇,为寻找环保安全的能源开辟了一个重要途径。生物乙醇作为可持续能源重要组成部分的可能性现在终于成了现实。

美国国家可再生能源实验室(NREL)通过现代生物技术建成工程微藻,即硅藻类的一种工程小环藻。在实验室条件下可使工程微藻中的脂质含量增加到 60% 以上,户外生产也可增加到 40% 以上,而一般自然状态下微藻的脂质含量为 5%~20%。工程微藻中脂质含量的提高主要由于乙酰辅酶 A 羧化酶(ACC)基因在微藻细胞中的高效表达,在控制脂质积累水平方面起到了重要作用。

美国绿色燃料公司的微藻生物反应器

美国研究微藻生物反应器,开发生物柴油

目前,从事生物质能开发研究的科学家们正在研究选择合适的分子载体,使乙酰辅酶 A 羧化酶(ACC)基因在细菌、酵母和植物中充分表达,进一步将修饰的 ACC 基因引入微藻中以获得更高效表达。利用工程微藻生产生物柴油具有重要的经济意义和生态意义,其优越性体现在：微藻生产能力高，用海水作为天然培养基可节约农业资源；比陆生植物单产油脂高出几十倍；生产的生物柴油不含硫，燃烧时不排放有毒害气体，排入环境中也可被微生物降解，不污染环境。发展富含油质的微藻或者工程微藻是生产生物柴油的一大趋势。

第二章
生物质能 "万花筒"

能源短缺和环境恶化促使人类必须寻找新的发展道路和模式。

21世纪进入生物技术经济时代，其主要特征为：以生物可再生资源为原料，生物可再生能源为能源，创新环境友好、过程高效的新一代物质加工模式，其核心技术是工业生物技术。

长期以来，我国能源结构以煤为主，能源消费快速增长，环境问题日益严峻，尤其是大气污染状况愈发严重，既影响经济发展，也影响人民的生活和健康。

随着经济社会的快速发展，能源需求将持续增长，能源和环境对可持续发展的约束变得越来越严重，发展清洁能源技术特别是加快开发利用生物质能等可再生能源，是实现可持续发展的必然选择。

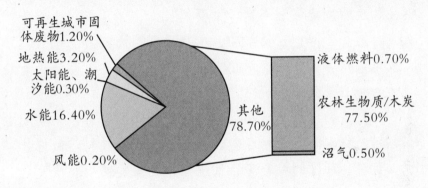

2001年世界可再生能源结构

资源和能源短缺对我国经济发展来说是一个亟待解决的问题，已经严重影响我国经济安全和国家安全，必须寻找一条保障能源安全的根本途径。以油脂、淀粉、纤维素等可再生资源为原料，应用工业生物技术生产化学品和生物质能源以摆脱对化石能源的依赖将具有重要的战略意义。

你知道吗

有专家提出：

（1）我国需要开发三种概念的绿色能源，在今后的几十年内，不仅能够解决我国能源的需求问题，而且可以显著改变我国的能源结构，使其逐步绿色化，以达到"资源节约型、环境友好型社会"的要求。

（2）我国以非粮农、林废弃物和荒地种植作物及垃圾为主的生物质能资源丰富，主要发展方向是沼气、生物质发电、生物乙醇、生物柴油、生物质颗粒燃料等。垃圾燃烧发电或以其他方式资源化也是一个重要方向，而垃圾处理是否得当是我国的一件大事。

（3）生物质发电产业目前尚处于探索试验阶段，要不断学习总结国外的成功经验，积极争取政策扶持，做好技术、经济和环境的综合可行性论证。我国发展生物质发电产业有两个方面值得注意，一是要因地制宜；二是要充分研究生物燃料收集问题。

"十一五"期间我国重点发展燃料酒精、生物柴油、沼气、生物制氢等生物质能源。另外农林副产品的生物利用、生物质能源、绿色工业制造、微藻制油等被列入国家中长期科技发展规划。

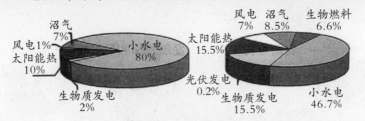

中国 2000 年及 2020 年可再生能源的构成

第一节 煤炭的代替者
——生物质固体成型燃料

生物质固体成型燃料技术就是在一定温度与压力作用下，将各类原来分散的、没有一定形状的秸秆、树枝等生物质，经干燥和粉碎后，压制成具有一定形状的、密度较大的各种成型燃料的新技术。其产品为棒状、块状和颗粒状等各种成型燃料，密度可达 0.8～1.4 克/厘米³，热值为 16720 千焦/千克左右。其性能优于木材，相当于中质烟煤，可直接燃烧，燃烧特性明显改善；同时具有黑烟少、火力旺、燃烧充分、不飞灰、干净卫生，氮氧化物（NO_x）、硫氧化物（SO_x）极微量排放等优点，而且便于运输和贮存，成为商品，可代替煤炭在锅炉中直接燃烧进行发电或供热，也可用于解决农村地区的基本生活能源问题。

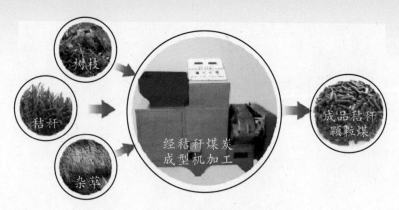

原料准备→配方煤化→压制成型→包装出厂
生物质成型燃料工艺流程

目前，国际上使用最广泛的生物质能利用技术是固体成型技术，即通过机械装置，对生物质原材料进行加工，制成生物质压块和颗粒燃料。经过压缩成型的生物质固体燃料，密度和热值大幅提高，基本接近于劣质煤炭，便于运输和储存，可用于家庭取暖、区域供热，也可以与煤混合进行发电。未经过加工的生物质（主要是农业、林业废弃物）也可以直接用于发电和供热。

加工成型燃料在国外很受重视，代替化石能源

一　生物质颗粒燃料的概念

1. 什么叫生物质颗粒燃料？

生物质颗粒燃料实质是生物质能的直接燃烧应用，是对生物质的

加工利用。直接燃烧方式可分为炉灶燃烧、锅炉燃烧、垃圾燃烧和固形燃料燃烧四种情况。其中，固形燃料燃烧是新推广的技术，它把生物质固化成型后，再采取传统的燃煤设备燃用。其优点是充分利用生物质能源替代煤炭，减少 CO_2 和 SO_2 排放量，有利于环保和控制温室气体的排放，减缓气候变坏，减少自然灾害的发生。

你知道吗

新型生物质颗粒燃烧器的特点

①自动添加燃料。一次加燃料，可以自动燃烧 1～3 天。

②结构非常简单，没有任何活动部件，可靠性非常高。

③城区可以烧生物质颗粒，比柴油煤气罐节省钱 50％～70％。

④郊区民房和蔬菜大棚可以使用生物质颗粒燃烧器，比烧烟煤节省燃煤 30％以上。

⑤对生物质颗粒成品的含水率要求很低，大大降低燃料成本。

⑥全气密设计，杜绝煤气中毒，可以直接放在室内使用。

2. 固化燃料技术原理。

利用现代生物化学技术，模拟天然煤的形成过程，将农作物秸秆等切碎或粉碎后，加入专业制剂，在高温高压下进行煤化反应，可以制得具有天然煤一样品质的燃料。

（1）复合生物工程菌将各种秸秆纤维的特质完全破坏，并和添加的化学成分一起使燃料在高温高压下初步矿化，燃烧时再充分炭化而后稳定燃烧。

（2）成型燃料密度大，使原来松散的物料变得"致密无间"，从而限制了挥发物的逸出速度，延长了挥发物的燃烧时间，燃烧反应大部分只在成型燃料的表面进行。炉灶供给的空气充足够用，未燃烧挥发部分的损失很少，从而减少了黑烟的产生。

（3）因成型燃料质地密实，挥发物逸出后剩余的炭结构也相对紧密，运动气流不能将其解体，炭的燃烧可充分利用。在燃烧过程中可清楚地观察到，蓝色火焰包裹着明亮的炭块，炉温大大提高，燃烧时间明显延长。

3. 生物质颗粒成型产品特点。

（1）清洁环保，绿色能源。经检测，其含硫量为 0.16％～0.22％，远低于煤炭 1％～3％ 的含硫量，是一种环保清洁能源，享有"绿煤"美誉。

（2）成本低廉，附加值高。每吨成本 160～200 元（热值 14.6 兆～23.0 兆焦），非常低廉，若添加能源进一步提高热值（18.8 兆～20.9 兆焦），其成本可达 360 元。燃烧后的灰烬，富含钙、镁、磷、钾、钠等元素，是上好的无机肥料。而且，通过对灰分进行处理，提取的纳米二氧化硅，有很高的附加值。

（3）热值可调，燃时可控。通过调整煤化剂配方，可将其热值调整为 14.6 兆～33.5 兆焦，燃烧时间在 1～4 小时，时间可以控制。

（4）密度变大，储运方便。密度在 1.2×10^3 千克/米^3 以上，可用袋装，占地少，方便运输和贮存。农村及城镇居民可像采购大米一样购置存放，取用方便。

（5）零排放能源。生物质能源来自绿色植物，在进行光合作用时消耗的二氧化碳与它燃烧时的排放量相当，所以被称为"零排放能源"。可减少二氧化碳排放，减少碳氢化物、氮氧化物等对大气的污染，减少酸雨现象的发生。将为改善能源结构、提高能源利用效率、减轻环境污染压力作出巨大的贡献。

（6）产品应用广泛。

①成品饲料适合作为农村、城镇、单位和家庭生产鱼、鸟、鸡、鸭、鹅、猪、牛、羊的饲料；肥料可养花种树；颗粒燃料是取暖、洗浴、食堂做饭、烧锅炉以及秸秆发电厂的理想燃料。

②颗粒燃料个小质硬，便于存放，它是烧制陶器、砖瓦以及冶炼化工的好燃料。

二 生物质颗粒燃料的用途

生物质颗粒燃料技术可以处理的生物质原料包括农作物秸秆、农产品加工废弃物、林木、林木加工废弃物等，其中秸秆占主体部分。生物质颗粒燃料用途广泛，不仅可以用于家庭炊事、取暖，也可以作为工业锅炉和电厂的燃料，替代煤、天然气、燃料油等石化能源。

以前，我国生物质能的利用研究主要集中在大中型畜禽场沼气工程技术、秸秆气化集中供气技术和垃圾填埋发电技术等项目，对于生物质颗粒燃料产品的生产加工与直接燃烧利用的研究还刚刚起步。

国外很多生物质能源技术和装置已经达到商业化应用程度，同其他生物质能源技术相比较，生物质颗粒燃料技术更容易实现大规模生产和使用。使用生物质颗粒燃料的方便程度可与燃气、燃油等媲美。以美国、瑞典和奥地利为例，生物质能源的应用规模，分别占该国一次性能源消耗量的 4％、16％和 10％。在美国，生物质能源发电的总装机容量已超过 1 万兆瓦，单机容量达 10 兆～25 兆瓦。在欧美，针对一般居民家用的生物质颗粒燃料及配套的高效清洁燃烧取暖炉灶已非常普及。

你知道吗

天然煤与秸秆块（颗粒）煤烧锅炉应用效果比较（以 2 吨锅炉为例）

燃料名称	热值要求	用量	燃料价格	燃料成本	费用比较	环保指标
天然煤	18.8兆～20.9兆焦	0.5吨/时	800元/吨	400元/时	用秸秆块（颗粒）煤节省燃料费用近一半	有烟，含硫量1％～3％，二氧化碳排放量大
秸秆块（颗粒）煤	18.8兆～20.9兆焦	0.52吨/时	400元/吨	208元/时		无烟，含硫量0.16％～0.22％，二氧化碳排放量少

三 生物质致密（压缩）成型燃料技术概况

生物质致密（压缩）成型燃料技术是将生物质粉碎至一定的粒度，不添加黏合剂，在高压条件下，可以得到具有一定形状的固体燃料。

成型燃料可再进一步炭化制成木炭。根据挤压过程是否加热，生物质致密（压缩）成型燃料有加热成型和常温成型两种；根据最后成型的燃料形状可以分为棒状燃料、颗粒燃料和块状燃料三种。生物质致密（压缩）成型技术解决了生物质能种类与形状各异、使用不便的问题。20世纪90年代，欧洲、美洲、亚洲的一些国家在生活领域大量应用生物质致密成型燃料。后来，以丹麦为首开展了规模化利用的研究工作。丹麦著名的能源投资公司BWE率先研制成功了第一座生物质致密成型燃料发电厂。随后，瑞典、德国、奥地利先后开展了利用生物质致密成型燃料发电和作为锅炉燃料等方面的研究。

美国也已经在25个州兴建了树皮成型燃料加工厂，每天生产的燃料超过300吨。但生物质成型燃料仍以欧洲的一些国家如丹麦、瑞典、奥地利发展最快。

生物质致密成型技术克服了成品形状各异、堆积密度小且较松散、运输贮存和使用不方便的缺点，提高了使用效率。

1. 用各种作物秸秆、果壳、林木废弃物、锯末屑为原料加工生物质颗粒燃料。

玉米秸秆　小麦秸秆　稻壳　蘑菇渣　木屑　瓜子壳　花生壳　棉籽皮　棉纺厂下脚料　污泥垃圾　旧轮胎　橘子皮　废塑料

目前，仅瑞典的生物质颗粒加工厂就有 10 多家，单个企业的年生产能力达到了 20 多万吨。生物质固体颗粒的热值相当于劣质煤炭，除通过专门运输工具定点供应发电和供热企业外，还通过袋装的方式在市场上销售，成为许多家庭首选的生活燃料。

意大利研制开发的新型木质颗粒制粒生产系统 ETS（EcoTre System）对原料的湿度适应性强，湿度为 10%～35% 时就可以成粒，所以大部分原料不需要干燥即可直接用于制粒；成粒以后的升温只有 10～15℃，压制出来的颗粒温度一般只有 55～60℃，无需冷却即可直接进行包装，通常可以省去干燥和冷却两道工序。这种制粒方法能耗很低（比传统的工艺方法减少 60%～70% 的能量消耗），而且机器磨损也大大减小，总成本降低很多。对于不同的原料，ETS 系统在整个生产制粒过程的单位能量消耗为 25～60 千瓦时/吨，生产成本为 68～128 美元/吨；而传统工艺的单位能耗为 80～180 千瓦时/吨，可见，ETS 生产效率显著提高。

据调查，我国农村自制土灶的热效率最高为 20%～25%，即使经过改造，节柴灶的热效率也仅为 38%～40%。经测算，ETS 制粒过程仅消耗其本身所含能量的 1% 左右，生物质颗粒燃烧器（包括炉、灶等）的热效率为 87%～89%，因此按保守的估计，使用专用燃烧器燃用生物质颗粒产品可提高热效率 47% 左右。

2. 秸秆块（颗粒）煤在家庭应用中的效果比较。

燃料名	燃具投资/元	日燃料费用/元	环卫指标	灶具维修	年花费/元
秸秆块（颗粒）煤	30	0.6	无烟无味	方便	220
煤球	30	1.2	有烟及废气	方便	440
液化气	300	2.0	有废气	费用高	730
沼气	1400～1500	0.3	有臭味	可维修	110

木质颗粒在美国市场的小包装零售价格为 170 美元/吨，大包装价格约为 135 美元/吨；在瑞典的交货价格为 150 美元/吨；散装的木质颗粒在阿姆斯特丹的离岸价为 80 美元/吨。

有业内人士分析认为，如果我国引进ETS技术生产木质颗粒，产品的生产成本比国外要低很多。经测算，批量生产成本为240元/吨左右，零售价格为320元/吨，这样的价格在国际市场上的竞争力是毋庸置疑的，在国内可与煤炭价格相抗衡。因此，在我国引进EST制粒技术是经济的、可行的。我国生物质成型燃料技术基础好，设备水平与世界先进水平差别不很大，不足的是我国成型燃料的应用水平还不高。

清华大学利用生物质的纤维特性研制成的生物质颗粒冷成型技术，不仅成型过程不需要加热，能耗显著降低，而且设备也非常简单，既可以用于工厂的工业化生产，也可用于农村分散和移动生产。如果这种设备能够在农村广泛推广应用，使农村多余的秸秆和林木废弃物等全部转化为生物质固体颗粒，首先用于农民基本生活能源需要，多余的卖给城市或工业锅炉替代燃煤，将会大大增加能源供应能力，也会显著增加农民收入。

3. 我国自主研制的生物质颗粒成型机。

有企业自主研制的秸秆块（颗粒）煤成型机已通过国家农机具质量监督检验中心检验。

如果农村每户平均生产5吨生物质固体颗粒，全国将会生产5亿～6亿吨固体颗粒，如果每吨按400元（在欧洲每吨颗粒售价高达2000元）计算，每户平均可增加收入2000元，如果再通过将荒山或荒坡承包给农民种植速生植物，用于生产生物质颗粒燃料，可为全社会提供更多的商品能源。

今后，农民不仅是粮食的生产者，而且也是能源的生产者，使生物质燃料生产成为农村的重要产业，从而促进农村经济和社会的持续发展。

因此，建议选择一些地区进行试点、示范。目前，湖南、甘肃等省已做了一些前期准备工作，建议国家给予适当资金支持，促使其尽快见效。

4. 林木废弃物直接生产为成型颗粒燃料。

废木材加工场地

5. 生物质加工使用存在的三大问题。

（1）生物质燃料的原料主要是农林废弃物，存在着季节性强、收集运输困难的问题。农业生产分布在面积广阔的农田上，农作物收割后秸秆广泛分布在农村地区，且秸秆体积大，不便于运输；树枝等林木废弃物绝大部分分布在山区，交通不便，收集工作量大。

（2）相关设备尚未产业化，生产成本过高。北京在怀柔地区进行试验的结果表明，常温压缩法生产生物质压缩颗粒燃料加工成本为257 元/吨，如果加上原料成本，这种燃料的成本为 350～450 元/吨，接近煤的价格；设备价格根据生产能力的不同在十几万元到 30 万元左右，价格很高；成型加工耗电量仍然较大。

（3）缺乏合理有效的运行模式，服务体系不完善。由于没有建立科学完善的服务管理体系，存在设备维护和运行管理不善、收费制度实行困难、运行资金缺乏等问题。在北京建设的秸秆集中气化工程有40 处以上，目前正常使用的还不足 5％。

第二节　无穷无尽的 "石油" 滚滚流
——液态生物质能

20 世纪 90 年代以来，生物液体燃料越来越受到重视，生物柴油以其优越的环保性能更受到各国的重视。目前在生物能源产品产业规模方面发展最快的是燃料乙醇，而生物柴油被认为是继燃料乙醇之后第二个有望得到大规模推广应用的生物能源产品。生物液体燃料生产成本以后将会与石油、汽油的价格越来越接近。

主要国家生物液体燃料发展现状及目标

国家或地区	产品及主要原料		2007 年产量估计/万吨		发展目标	
	乙醇	生物柴油	乙醇	生物柴油	乙醇	生物柴油
美国	玉米	大豆油、废弃油脂	1987	152	2012 年 75 亿加仑，2022 年 360 亿加仑（含 150 亿加仑纤维素乙醇及其他新型燃料）	
巴西	甘蔗	大豆、蓖麻、棕榈油	1518	22	2007 年使用 E25 燃料	2008 年推广 B2 燃料，2013 年推广 B5 燃料
中国	玉米、甘薯、木薯	废油	129	10	2010 年 200 万吨非粮原料乙醇	2010 年 20 万吨生物柴油
加拿大	玉米、小麦	动植物油脂	81	9	2010 年 E5	2010 年 B2
欧盟	小麦、甜菜	菜籽油、葵花油、大豆油	186	594	在车用燃料中的比例在 2010 年达到 5.75%，2020 年计划达到 10%	

续表

国家或地区	产品及主要原料		2007 年产量估计 /万吨		发展目标	
	乙醇	生物柴油	乙醇	生物柴油	乙醇	生物柴油
印度	糖蜜、甘蔗	小桐子油、棕榈油	32	4	2008 年 E10	2012 年 B5
印度尼西亚	甘蔗、木薯	棕榈油、小桐子油	0	37	在道路交通燃料中的比例在 2010 年达到 10%	
马来西亚	无	棕榈油	0	30	无	近期为 B5
泰国	糖蜜、木薯、甘蔗	棕榈油、废油	24	24	2011 年 E10 扩大一倍	2012 年 B10
合计	—	—	3957	882		

资料来源：主要整理自 William Coyle，The Future of Biofuels：A Global Perspeetive. 2008.

生物液体燃料生产成本及其与石油燃料的比较

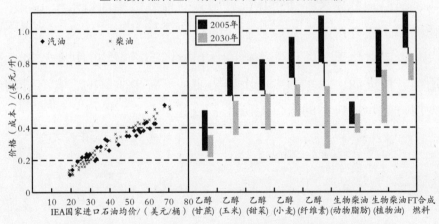

注：原油价格是 2000～2006 年月度均价；生物液体燃料的价格不含补贴。

一 生物柴油

柴油作为一种重要的石油炼制产品，在各国燃料结构中占有较高的份额，是重要的动力燃料。石油资源的日益枯竭和人们环保意识的提高，大大促进了世界各国加快柴油替代燃料的开发步伐。

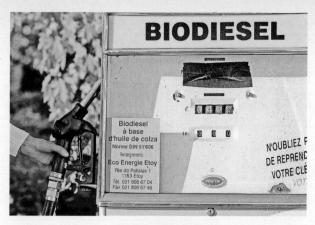

生物柴油加油站

1. 生物柴油概况。

　　生物柴油是指由可再生的油脂原料通过酯化反应得到的长链脂肪酸酯。它是一种可以替代普通柴油使用的环保燃油，有着与柴油十分相似的理化性质，是清洁的可再生能源；它是以大豆和油菜子等油料作物、油棕和黄连木等油料林木果实、工程微藻等油料水生植物以及动物油脂、废餐饮油等为原料制成的液体燃料。与石油柴油相比，可大大减少二氧化碳、多环苯类致癌物和黑烟等污染物的排放。利用废食用油、垃圾油、泔水油生产生物柴油，可减少肮脏的、含有毒物质的废油污染，是典型的绿色能源。

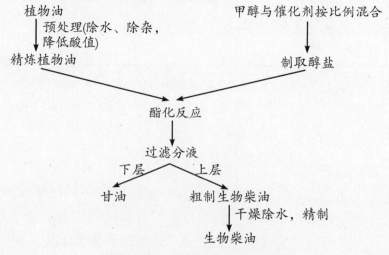

利用废油脂生产生物柴油的工艺流程

2. 生物柴油的生产技术。

生物柴油的生产方法有化学法生产和生物合成两种。目前生物柴油主要是用化学法生产，即用甲醇或乙醇等低碳醇在酸性或碱性催化剂和高温（230～250℃）下进行酯化反应，生成相应的脂肪酸甲酯或乙酯，再经洗涤干燥即得生物柴油。甲醇或乙醇在生产过程中可循环使用，生产设备与一般制油设备相同，生产过程中可产生10%左右的副产品甘油。除了化学法，人们还研究用生物酶法合成生物柴油，即用动物油脂和低碳醇通过脂肪酶进行酯化反应，制备相应的脂肪酸甲酯及乙酯。酶法合成生物柴油具有条件温和、醇用量小、无污染排放的优点。

生物柴油的生产装置

目前，生物柴油生产的主要问题是甲醇及乙醇的转化率低，一般仅为 40%～60%。目前脂肪酶对长链脂肪醇的酯化有效，而对短链脂肪醇（如甲醇或乙醇等）转化率低；而且短链醇对酶有一定毒性，酶的使用寿命短。副产物甘油和水难以回收，不但对产物形成抑制，而且甘油对固定化酶有毒性，使固定化酶使用寿命缩短。

3. 生物柴油展望。

生物柴油的主要问题是成本高。生物柴油制备成本的 75% 是原料成本。因此采用廉价原料及提高转化率从而降低成本是生物柴油实现实用化的关键。美国已开始通过基因工程方法研究高油含量的植物，日本采用工业废油和废煎炸油，欧洲是在不适合种植粮食的土地上种植富油脂的农作物。

生物柴油是利用植物油或动物脂肪等可再生资源制造出来的新型燃料，具有清洁环保、可再生等优点，通常与传统柴油混合使用，以提高发动机性能，减少废气排放。第一代生物柴油主要使用菜籽油原料，而第二代生物柴油还可以使用棕榈油、大豆油、动物脂肪等原料，比以往的生物柴油更加清洁。

我国现有耕地资源贫乏，用来发展能源作物的耕地十分有限，依靠种植油料作物为生物柴油提供油源在我国还有个渐进的过程。我国已成为世界上继巴西、美国之后第三大生物燃料乙醇生产国和应用国。国家已批准建设 4 个生物燃料乙醇生产试点项目，已形成每年102 万吨的生产能力。要严格控制用玉米加工乙醇汽油，减小对粮食安全及百姓利益带来的严重冲击，把政府财税补贴倾斜到目前成本高于陈化粮的用于加工燃料乙醇的麦秸秆、木薯等上面来，享受陈化粮补贴政策，鼓励发展作物秸秆生产燃料乙醇。

自然界中少量微生物在适宜条件下能产生并贮存质量超过其细胞干重 20% 的油脂，具有这种表型的菌种称为产油微生物。产油微生物利用可再生资源，得到的微生物油脂与植物油脂具有相似的脂肪酸组成。产油微生物具有资源丰富，油脂含量高，生长周期短，碳源利用广，能在多种培养条件下生长等特点。同时微生物油脂生产工艺简单，高值化潜力大，有利于进行工业规模生产和开发。因此具有广阔的开发应用前景。目前中国、日本、德国、美国等国已有商品微生物菌油或相应下游加工产品面市，但生产成本还较高。随着现代生物技术的发展，将可能获得更多的微生物资源。如通过对野生菌进行诱变、细胞融合和定向进化等手段能获得具有更高产油能力或其油脂组成中富含稀有脂肪酸的突变株，提高产油微生物的应用效率。

微藻生产柴油，为柴油生产开辟了另一条技术途径。美国国家可再生能源实验室（NREL）通过现代生物技术建成工程微藻，即硅藻类的一种工程小环藻。在实验室条件下可使工程微藻中脂质含量增加到 60% 以上，户外生产也可增加到 40% 以上。工程微藻中脂质含量的提高主要由于乙酰辅酶 A 羧化酶（ACC）基因在微藻细胞中的高效表达，在控制脂质积累水平方面起到了重要作用。利用工程微藻生产柴油具有重要经济意义和生态意义，其优越性在于，微藻生产能力高，用海水作为天然培养基可节约农业资源；比陆生植物单产油脂高出几十倍；生产的生物柴油不含硫，燃烧时不排放有毒气体，排入环境中也可被微生物降解，不污染环境。发展富含油质的微藻或者工程微藻是生产生物柴油的一大趋势。

二 燃料乙醇

1. 燃料乙醇。

燃料乙醇是一种环境友好型、可再生的生物质能源。用来替代化石能源不仅可以减轻部分能源危机，而且还有助于改善环境。

燃料乙醇是由生物质发酵而来，从全球的碳元素循环来讲，乙醇的燃烧不会增加大气中 CO_2 的含量。

2. 燃料乙醇生产技术。

乙醇生产从生产工艺上可分为生物发酵法和合成法两种，目前全球以酵母菌生物发酵法为主，产量占整个乙醇市场的 90% 以上。

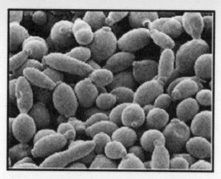

· 常用原材料：蔗糖或淀粉
· 微生物：酵母菌
· 关键酶：糖水解酶和酒化酶

酵母菌发酵的燃料乙醇

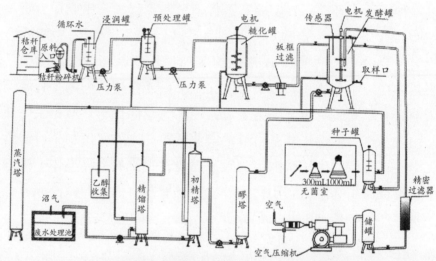

以作物秸秆为原料生产生物燃料乙醇的设备流程

目前发酵法生产乙醇的原材料主要是农产品，像玉米、小麦、薯类等淀粉质原料和甘蔗、糖蜜等糖类原料。发酵所得发酵液经蒸馏、脱水、变性即可成为燃料乙醇。

各国一方面禁止在汽油中使用 MTB（含铅的汽油添加剂甲基叔丁醚）添加剂，另一方面积极发展乙醇作为其替代物的生产。从此也可以看出，把握开发燃料乙醇发展生物质能具有重要意义。

目前我国的乙醇发酵行业的原料以粮食谷

乙醇汽油

物类为主，为了避免出现与人争粮食的局面，必须开发新的发酵原料，研究较多并取得一定成果的有木薯、甜高粱、甘薯等生物质能源植物。利用一些不能种植粮食作物的荒地、滩涂地来种植这些专门作为生物质能源的作物，替代目前使用的玉米、小麦等粮食作物，以减少大力发展生物能源计划对国家粮食问题的威胁。

广西的一家生物质能源有限公司年产 20 万吨木薯燃料乙醇项目是国家在"十一五"期间批准建设的第一个非粮燃料乙醇项目，是结合国家能源战略部署，贯彻落实国家车用乙醇汽油扩大推广使用工作，对非粮燃料乙醇试点的积极探索。该项目已列入广西 2006 年十大重点项目。

项目选址位于广西合浦工业园区，占地 36.7 公顷。一期投资总额 7.5 亿元，建有一条铁路专用线、一条燃料乙醇生产线、一座装机容量为 1.5 万千瓦的自备电站和一座大型污水处理系统。技术上采用中温蒸煮、连续发酵、差压蒸馏、三条变压吸附、清洁生产、循环经济的新工艺，年产燃料乙醇 20 万吨、纤维饲料 5 万吨、沼气 2970 万标准立方米、二氧化碳 5 万吨。

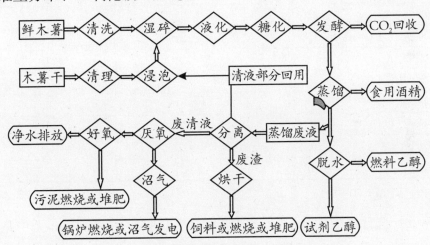

木薯生产燃料乙醇的工艺流程

3. 燃料乙醇展望。

随着科学技术的进步，乙醇发酵工业也将在我国出现飞跃的发展，但从目前看来，乙醇生产中还存在很多亟待解决的问题。主要体现在以下几个方面。

（1）研究解决代粮节料的问题，探讨如何把目前乙醇生产所用的原料消耗量降低，降低乙醇的原料费用。发展高产作物，如甘薯的种植，用甘薯固态生产燃料乙醇。将甘薯清洗后绞碎成5～10毫米碎段；将绞碎后的碎甘薯加自来水拌匀，升温至70～90℃，加入α-淀粉酶蒸煮20～50分钟；将蒸煮后的甘薯物料冷却至30～35℃，在无菌条件下，同时加入糖化酶、硫酸铵、磷酸二氢钾和活化后的酵母，在30～35℃条件下发酵48～84小时，蒸馏收集发酵产生的乙醇，再采用新型脱水装置脱水，最后形成燃料乙醇。

"十一五"期间中国部分省（区、市）甘薯种植面积及产量

省（区、市）	面积/万公顷	单产/（吨/公顷）	产量/万吨
河北	25	22	550
江苏	16	30	480
安徽	40	25	1000
山东	45	28	1260
河南	55	23	1265
浙江	11	28	308
福建	22	25	550
江西	15	22	330
湖北	18	21	378
湖南	25	21	525
广东	30	24	720
广西	25	18	450
重庆	50	20	1000
四川	90	20	1800

资料来源：徐州甘薯研究中心。

（2）选育性能优良的新菌种。当前生产中所用的菌种，无论是曲酶糖化菌，还是发酵用酵母菌，与世界上先进国家相比还有很大差距，远未达到原料的理论产值。专性厌氧的酵母在缺乏氧气时，发酵型的酵母通过将糖类转化成为二氧化碳和乙醇来获取能量：

$$C_6H_{12}O_6（葡萄糖）\longrightarrow 2C_2H_5OH（酒精）+2CO_2\uparrow$$

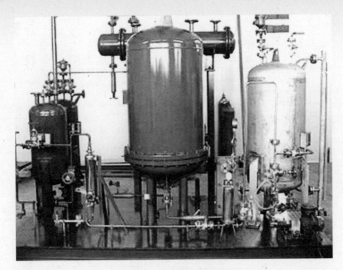

60 吨乙醇脱水装置

我们需要寻找和驯养新菌种，来推动乙醇发酵生产向前发展。酒精生产的酒糟、糟液也可以作为沼气发酵的原料，综合利用，发展生态循环经济。

（3）采用先进的科学技术。由于科学的发展，产量质量标准的提高，对现有的生产技术提出了新的、更高的要求，因此吸取国内外的先进经验，采用先进的科学技术和先进工艺，才能在较短时间内解决生产上存在的问题。2006 年，中粮集团年产 500 吨纤维素乙醇试验装置投料试车成功。设计原料为玉米秸秆，是世界上首次将连续气爆技术用于纤维素制乙醇的装置；2006 年 8 月，河南一家公司投产的年产3000 吨纤维乙醇项目，成为国内首个利用秸秆类纤维质原料生产燃料乙醇的项目。

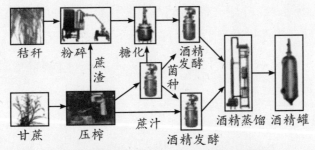

利用植物纤维素发酵生产乙醇的工艺流程

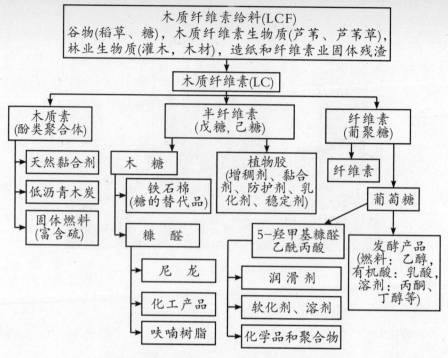

木质纤维素生物技术处理转化成生物质能产品

总而言之，酒精发酵工业今后的发展方向也就是研究如何代粮节料、采用先进的科学技术、选用先进工艺、选育新菌种，研究设计性能完美的生产设备，使我国的酒精发酵工业在短时间内赶上世界先进水平。

三 生态油

生态油是利用各种农林废弃物（如秸秆、锯末、甘蔗渣、稻糠等），采用超高加热速率，1～2秒钟的超短产物停留时间及适中的裂解温度，通过特殊工艺制备而成的一种类似原油的清洁液体燃料。其原料来源、生产和使用过程具有生态零排放特点，符合低碳经济要求，区别于生物柴油。

| 松木/软木/树皮 | 松木/软木 | 甘蔗渣 | 焦炭 | 由甘蔗渣生产的生物质油 | 由松木/软木生产的生物质油 | 由松木/软木/树皮生产的生物质油 | 生物质油和焦炭的混合浆体 |

生物质裂解的生物质原料及其生态油产品

广州市的一家公司利用工业废弃物（如石油焦）和农林废弃物（如秸秆），成功研发出了两类可以替代燃油的新型绿色能源，并已研制成功将农林废弃物通过快速裂解方式制备成生态油的高新技术，这意味着中国有望实现彻底摆脱化石能源的格局。

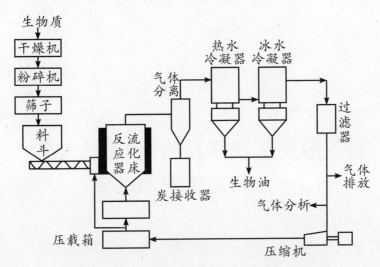

利用旋转锥热解反应器生产生态（物）油的工艺流程

以农林废弃物为原料制备生态油技术，可让这种转化在一两秒钟实现。在庞大的生态油工业示范装置中，成吨的秸秆粉末从装置进料口进入，散发着草木香味的生态油即刻从储油罐管道中流出。广东有丰富的生态油资源，仅稻秆每年就有 1000 万吨以上，另外还有大量的甘蔗渣和丰富的林业废弃物资源。按资源分布，广东全省可建万吨级的生态油工厂 500 个以上。据了解，虽然 2008 年金融危机肆虐，但该公司却签下了 20 亿元的订单合同，还有 40 亿元左右的订单正在商议中。

该公司生态油成本远低于柴油，如果完成替代，经济效益可提升 3 倍以上。据了解，目前稻秆等农林废弃物 1 吨价格仅 300 元左右，而 1 吨农林废弃物便可制备成 700 千克生态油。按照 2 吨生态油的热值对等 1 吨燃料油，生态油的售价不到燃料油价格的一半。柴油价格大约为每吨 5000 元，而生态油价格每吨只需 1000 多元，对企业而言，等于节省了 30％～40％的燃料成本。

生态油

第三节　星罗棋布的 "天然气矿"
——气态生物质能源

生物质气体燃料主要有两种技术，即沼气发酵和热解气。前者是利用动物粪便、工业有机废水和城市生活垃圾通过厌氧消化技术生产沼气，用于居民生活燃料或工业发电燃料，这既是一种重要的保护环境技术，也是一种重要的能源供应技术。目前，沼气生产技术已非常成熟，并得到了广泛的应用。后者是通过高温热解技术将秸秆或林木质转化为以一氧化碳为主的可燃气体，用于居民生活燃料或发电燃料。由于生物质热解产生的焦油问题还难以处理，致使目前生物质热解气化技术的应用还不够广泛。

一些气体的物理、化学常数表

气体名称	分子式	分子量	密度/(kg/m³)	比重	临界温度/℃	临界压力/kPa	1m³生成液体重量/kg	燃点/℃	与空气混合的爆炸限度（气体体积,%）
氢气	H_2	2.016	0.0899	0.0695	−239.9	1296.96	1.166	585	4.1~75
氧气	O_2	32.0	1.420	1.105	−118.8	5036.865	1.15	—	—
一氧化碳	CO	28.01	1.2504	0.9669	140.2	3499.77	1.411	650	12.5~75
二氧化碳	CO_2	44.01	1.977	1.529	+31.1	7396.73	1.56	—	—
甲烷	CH_4	16.04	0.716	0.554	−82.1	4688.30	1.55	537	4.0~15
乙烷	C_2H_6	30.07	1.357	1.049	+32	4884.88	2.25	510	3.0~14
乙炔	C_2H_2	26.036	1.173	0.9057	+36	6251.752	2.055	335	2.3~82
空气	—	28.95	1.293	1.00	−140.7	3769.29	1.379	—	—
水蒸气	H_2O	18.2	0.805	0.594	+374	22767.73	0.737	—	—

一 沼气 （甲烷） 发酵

1. 沼气。

专家们认为，21 世纪沼气将成为农村主要能源之一。沼气是一种可再生的、清洁的、高效的能源。沼气生产既有助于缓解能源紧张的局面，又有利于解决环境污染的问题，对经济的可持续发展具有重要的现实意义。世界上一些发达国家正在进行利用微生物厌氧消化农场废物、生产甲烷的较大规模试验。

你知道吗

不同原料发酵沼气的产量表

原料种类	产沼气量/（立方米/吨干物质）	甲烷含量/％
畜牧肥	260～280	50～60
猪粪类	561	
马粪类	200～300	
青草	630	70
亚麻秆	359	
麦秆	432	59
树叶	210～294	58
废物污泥	640	50
酒厂废水	300～600	58
碳水化合物	750	49
脂类	1400	72
蛋白质	980	50

2006 年年底我国已经建设农村户用沼气池 1870 万座，生活污水净化沼气池 14 万座，畜禽养殖场和工业废水沼气工程 2000 多处，年产沼气约 90 亿立方米，为近 8000 万农村人口提供了优质的生活燃料。

"十一五"期间是我国农村沼气建设投入最大、发展最快、受益农户最多的时期，中央累计投入农村沼气建设资金达 212 亿元。在中央投资的带动下，农村沼气池数量不断扩大，投资结构不断优化，服务体系逐步健全，沼气功能进一步拓展，沼气产业迅速发展，进入建管并重、多元发展的新阶段。

在英国，利用人和动物的各种有机废物，通过微生物厌氧消化所产生的甲烷，可以替代整个英国 25％ 的煤气消耗量。苏格兰已设计出一种小型甲烷发动机，可供村庄、农场或家庭使用。美国一牧场兴建了一座工厂，主体是一个宽 30 米、长 213 米的密封池组成的甲烷发酵装置，它的任务是把牧场厩肥和其他有机废物，由微生物转变成甲烷、二氧化碳和干燥肥料。这座工厂每天可处理 1650 吨厩肥，可为牧场提供 11.3 万立方米的甲烷，足够 1 万户家庭使用。目前美国已拥有 24 处利用微生物发酵的能量转化工程。从世界范围看，利用各种微生物协同作用生产甲烷的研究和应用正处于方兴未艾的阶段。

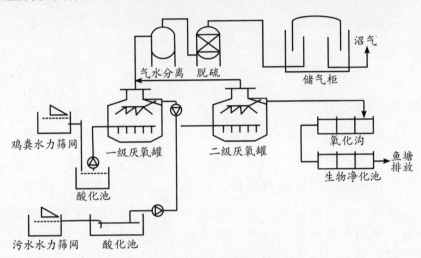

沼气发酵工艺流程示意图

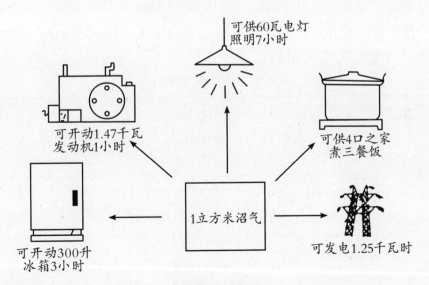

沼气应用示意图

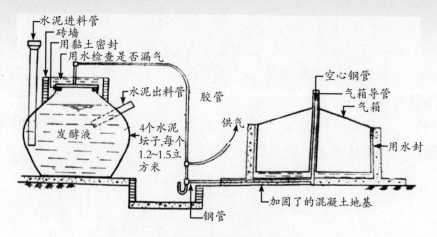

泰国分离式气箱的沼气池

2. 沼气的生产技术。

（1）沼气发酵的微生物种类。

第一类叫发酵细菌，包括各种有机物分解菌，它们能分泌胞外酶，主要作用是将复杂的有机物分解成较为简单的物质。例如将多糖转化为单糖，蛋白质转化为肽或氨基酸，脂肪转化为甘油和脂肪酸。

第二类叫产氢产乙酸细菌。其主要作用是将前一类细菌分解的产物进一步分解成乙酸和二氧化碳。

第三类细菌称产甲烷菌。它们的作用是利用乙酸、氢气和二氧化碳产生甲烷。在实际的发酵过程中这三类微生物既相互协调，又相互制约，共同完成产沼气过程。

沼气（甲烷）发酵的菌种

甲烷杆菌科 Methanobacteriaceae	甲烷杆菌属	*Methanobacterium*
	甲烷短杆菌属	*Methanobrevibacter*
	甲烷球形菌属	*Methanosphaera*
高温甲烷杆菌科 Methanothermaceae	高温甲烷属	*Methanothermus*
甲烷球菌科 Methanococcaceae	甲烷球菌属	*Methanococcus*

续表

甲烷微菌科 Methanomicrobiaceae	甲烷微菌属	*Methanomicrobium*
	甲烷螺菌属	*Methanospirillum*
	产甲烷菌属	*Methanogenium*
	甲烷叶状菌属	*Methanolacinia*
	甲烷袋形菌属	*Methanoculleus*
甲烷八叠球菌科 Methanosarcinaceae	甲烷八叠球菌属	*Methanosarcina*
	甲烷叶菌属	*Methanolobus*
	甲烷丝菌属	*Methanothrix*
	甲烷拟球菌属	*Methanococcoides*
	甲烷毛状菌属	*Methanosaeta*
	甲烷嗜盐菌属	*Methanohalophilus*
甲烷片菌科 Methanoplanaeae	甲烷片菌属	*Methanoplanus*
	甲烷盐菌属	*Methanohalobium*
甲烷球粒菌科 Methanocorpusculaceae	甲烷球粒菌属	*Methanocorpusculum*

（2）沼气发酵过程的三个阶段。

第一阶段是含碳有机聚合物的水解。纤维素、半纤维素、果胶、淀粉、脂类、蛋白质等非水溶性含碳有机物，经细菌水解发酵生成水溶性糖、醇、酸等分子量较小的化合物，以及氢气和二氧化碳。

第二阶段是各种水溶性产物经微生物降解形成各种中间体，如丙酸、丁酸和乙醇等，以及生产甲烷底物，主要是乙酸、氢气和二氧化碳。

第三阶段是产甲烷菌转化甲烷底物生成 CH_4 和 CO_2。另外，在沼气发酵过程中还存在某些逆向反应，即由小分子合成大分子物质的微生物生长繁殖过程。

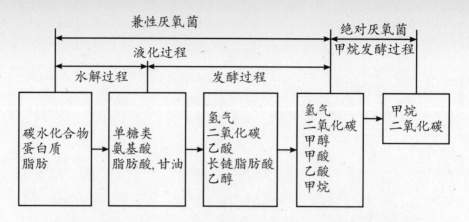

沼气发酵的三个阶段：兼性厌氧菌的水解发酵及绝对厌氧菌甲烷发酵

下图是甲烷发酵过程。

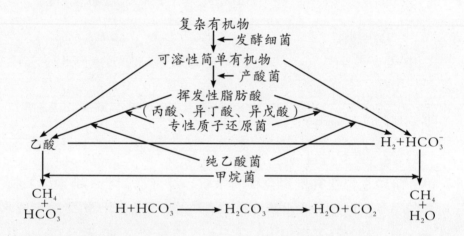

（3）沼气发酵反应器。

沼气发酵反应器（通常叫沼气池）类型很多，我国目前农村散户较多采用圆柱形水压式浮罩沼气池。其结构合理、安全、用料省、施工快、使用管理方便。

大中型沼气工程为加大微生物与原料的接触面积，多采用完全混合式厌氧反应器、上流式厌氧污泥床反应器、内循环厌氧反应器等。

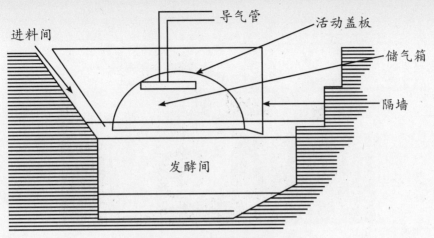

我国农村普通圆形固定拱顶沼气池

沼气工程与农户用沼气池的比较

比较项目	农户用沼气池	大中型沼气工程
用途	能源、卫生	能源、环保、种植增产材料
沼液	作肥料	作肥料、农药或进行好气后处理使用
动力	无	需要
配套设施式	简单	沼气净化、储存、输配、电气、仪器控制
建筑形	地下	大多数半地下或地上
设计、施工	简单	需要工艺、结构、设备、电气与自控仪表配合
运行管理	不需要专人管理	需要专业人员管理

3. 我国沼气发展概况。

我国沼气的研究、开发利用和发展始于 20 世纪 20 年代。由于技术不成熟和缺乏经验，没能巩固下来。20 世纪 80 年代以后，开展了大量有关沼气发酵的理论和应用技术研究，并取得了可喜的研究成果，我国的沼气建设开始稳步、健康发展。20 世纪 90 年代以来，经过多年研究、开发、试点示范，认真汲取教训，加强科研攻关，沼气建设获得重大突破。

农业大型沼气发酵

河南一家企业曾采用薯类、玉米作为原料生产食用酒精，年排放废糟液 80 多万吨。该厂于 20 世纪 80 年代末建立了 2 座 5000 立方米厌氧消化罐，1 万立方米沼气储气柜，形成日产沼气 4.58 万立方米的生产能力。目前，南阳市沼气生产已建成 8 万立方米储气柜，敷设地下供气管道 120 千米，日产混合气 14 万立方米，可供 4 万户 12 万人生活用气。南阳市也因此成为名副其实的亚洲最大的沼气城。

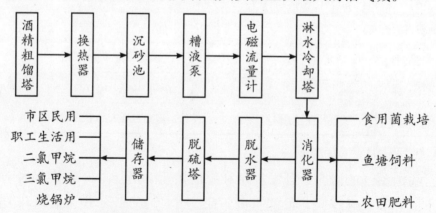

酒精厂的酒糟、糟液等用于沼气发酵的工艺流程

4. 我国农村生态循环经济发展模式。

西北的"五配套"生态循环模式：一个果园（或中草药种植园）、一个沼气池、一个暖圈（太阳能热水器或塑料大棚等）、一个蓄水窖、一个看营房等五个不同功能的有机结合。

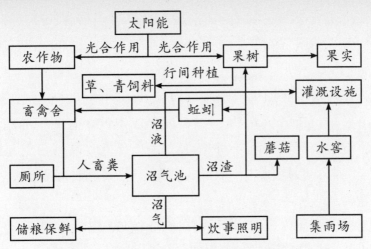

我国西北"五配套"模式物质能量循环使用的示意图

在陕西，以农户为单位、土地为基础、沼气为纽带，形成了以农带牧（养殖动物——食草性的兔、牛、羊等）、以牧促沼、以沼促果（中草药园——药食两用、多年生、可套种的品种，药用包括动物、植物的病虫害防治）、果牧结合的配套发展和良性循环体系。产品为有机食品（果蔬、药食两用的产品等）、抗生素的替代药物，无公害的环境，适宜养生、养老的宜居场所。

新技术手段：沼气技术、太阳能利用、塑料大棚和日光温室、水资源合理使用及其水净化。

南方的"三位一体"生态循环模式：畜禽舍、沼气池、果园三部分。

土地集中使用种植有机粮食、蔬菜、水果等，建造规模的沼气池，建造规模的饲养场。

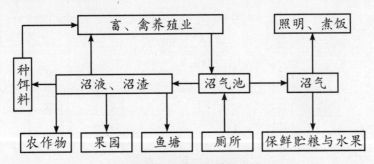

我国南方模式生态循环经济

在农村城镇化进程中，建设居民小区（居住革命，改善环境、卫生、空气、光线等条件；改变人际关系，人与人之间和谐相处、相爱、相助）。

据调查，用沼液加饲料喂猪（包括其他动物），猪毛光皮嫩，增重快，出栏早，节省饲料约20%，饲养成本低，有利于养猪。沼气池沼液、沼渣做肥料有利于种植业，生产有机食品。沼气是廉价能源，用于发电、燃烧供热、取暖、照明、做大棚种植肥料、果品保鲜，等等。

浙江省宁海县自2003年开始在农业领域探索发展循环经济，经过8年的探索，已经形成"点、线、面"紧密结合，企业、产业、区域三个层次环环相扣的"三级生态循环农业体系"。通过生态循环农业的探索和实践，该县主要农产品——有机、绿色及无公害农产品的种植面积达到了6500公顷，创建了"浙江名牌"6个、"浙江省著名商标"4个，有力地促进了农业增效、农民增收，2011年该县实现农业增加值29.72亿元。

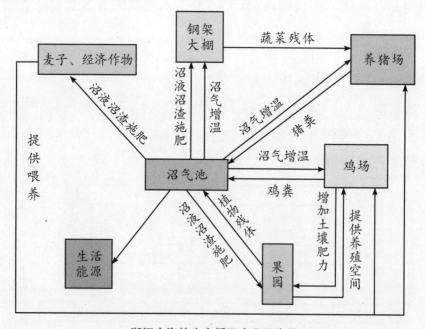

浙江宁海的生态循环农业示意图

总结生态循环农业经济的效益如下：

生态效益——养殖场废弃物无害化处理和资源化利用，将农业废弃物开发利用发酵生产沼气，实现资源化循环利用，达到生态保护目的。

能源效益——沼气是可循环、可再生的生物质能源，可有效解决能源紧张矛盾。如日产 80 立方米沼气池，用作生产、生活能源，每年节约商品电 3.6 万千瓦时，或节省液化气 1.8 吨。

社会效益——沼气能源有保证，农民生产生活热能使用方便、价廉，不破坏树林，加快农村环境污染治理、生态保护。

二　裂解气

1. 秸秆气化的概念。

秸秆气化是对秸秆进行深加工的一种应用。秸秆气化又称生物质气化。秸秆的气化反应，通常在以空气为介质的反应中进行，是指对农作物秸秆技术加工，通过固定的装置在缺氧状态下进行热化学反应处理，使生物质转化为 CO、H_2 和 CH_4 等高品位、易输送、利用效率高的气体燃料。我国每年可产生生物质约 12 亿吨，其中主要为农作物秸秆。因此，农作物秸秆是开发生物质气化燃料的重要原料。至 2005 年，全国已建设了秸秆集中供气站 539 处。

2. 秸秆气化符合发展循环农业的要求。

农作物秸秆是农业生产过程的主要副产品之一，是一项重要的经济资源，综合利用农作物秸秆对于农业的可持续发展、节约资源、保护环境、增加农民收入都具有重要的现实意义。

据估算，全国每年农作物秸秆产量有 7 亿吨左右，但由于目前大部分地区农村已不再利用秸秆作为主要生活燃料，加上还田量很低，综合利用缺乏相应的技术、设备和资金等原因，这些年来农村很大部分秸秆被废弃或直接焚烧，这不仅是对资源的严重浪费，还导致对大气环境的污染，特别在秋冬季节极易引发火灾。

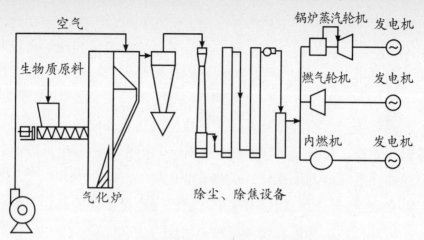

生物质（以作物秸秆为主）气化发电的工艺流程

而且，秸秆焚烧后的高温会使土壤中的有益虫体（如蚯蚓）和微生物无法生存，还会使地表水分蒸发，造成土壤板结，不利于农作物的生长。因此寻找有效的途径合理利用秸秆资源显得十分迫切。

秸秆气化技术为解决农田焚烧秸秆、缓解农村能源供应短缺问题开辟了一条很好的路子；同时为提高农民生活质量、改善农业生态环境、农业增产、农民增收和农村稳定发展作出贡献。秸秆气化后的草灰可以作为钾肥返回农田，产生的焦油可以成为化工原料，真正实现了废物—资源—产品的良性循环。秸秆气化技术的推广应用，还可以替代石化燃料，无疑会减轻石化资源的供给压力，也一定程度减少了石化燃料大量使用所带来的污染问题。

3. 生物质高温裂解多功能燃烧机的特点。

（1）以生物质颗粒及农（稻草、麦草、玉米秆、玉米芯、稻壳、花生壳、棉花壳、棉花秆、茅草、杂草……）、林（树木、树皮、树根、树叶、刨花、竹粉、锯末……）等废弃物为燃料。

（2）无 CO_2、SO_2 等有害气体产生，绿色环保。燃气机使用的材料以 3 毫米以下的碎料为宜，也可以直接使用生物质颗粒料。常年大量供应，也可自己购机生产。

（3）螺旋进料、高温增氧、控温补水全自动智能控制。一人值守，自动运行。

（4）涡流设计，多级旋风增氧，原料最大限度地燃烧，热效率高达95％，温度可达800～1200℃。

（5）比燃煤锅炉直接烧煤降低成本30％～40％，年节省费用10万元以上，比燃油、燃气锅炉直接烧油、烧气降低成本50％～70％，年节省费用高达30万元以上。而生物质秸秆及其他农林废弃物在我国城乡比比皆是。

4. 秸秆气化在农村有广阔的市场前景。

随着农民生活水平的不断提高和住房条件的改善，农户生活用燃料结构悄然发生了变化，农作物秸秆已不再是农民家庭的主要燃料，使用液化气、煤球、电等替代柴草作为燃料的农户越来越普遍。近年来秸秆气化技术的发展，使其比沼气更容易取得原料、操作更方便、投入劳动力更少等优点，已成为农村能源发展的一个新方向。

（1）秸秆气化是农村秸秆利用的一项实用技术。要禁止农民直接在田中焚烧秸秆，就必须为农民找到一个合理利用农作物秸秆的办法。国际能源机构的有关研究表明，秸秆是一种很好的清洁可再生能源，每两吨秸秆的热值就相当于1吨煤，而且其平均含硫量只有0.38％，而煤的平均含硫量约达1％。在我国目前农村现有的能源结构（液化气、沼气、太阳能、电、原煤、蜂窝煤、植物燃料）当中，

遥感卫星监控秸秆焚烧的情景照片

秸秆气以其容易取得原料、操作方便等优势，完全可以取代传统柴灶，替代液化气，改变我国农村烟熏火燎的生活方式，具有较好的经济效益、生态效益和社会效益。

（2）秸秆气是一种清洁、方便、廉价的能源。秸秆气化是采用一种生物质热解气化技术，先将农作物秸秆等生物质原料切碎，在缺氧状态下使秸秆不充分燃烧，产生大量的氢气、甲烷和一氧化碳等可燃气体，再将燃气进行冷却、除杂、去焦处理，送进储气柜，然后经过管网输给农户供炊事用气。使用这种气化装置1千克农作物秸秆可产生近2立方米的可燃气，一个4口之家每天需用气5立方米左右，每立方米燃气0.2元，每户每月燃气费30～40元。

秸秆气化集中供气的价格明显低于使用液化气的价格，而且使用方便，清洁卫生，很受老百姓欢迎。

秸秆气化集中供气工程不但把随意抛弃的秸秆变为清洁的燃料，而且保护了环境，又满足了农民对清洁燃料的需求，集中供气的使用实现了"一人烧火，全村做饭"，大大提高了农户做饭的效率。农户自家生产的秸秆拿到气站换气，还可以增收节支，可谓一举多得。

（3）秸秆气化是农村能源供应的新方向。目前，将农作物秸秆分解气化，制成可燃气体用管道送到农户供炊事和取暖使用，是一种运输方便、操作简单、没有市场压力、不造成二次污染的好办法。利用秸秆气化集中供气的好处：一是可以有效地替代燃煤、燃油的使用，减少石化能源的消耗，符合我国的能源发展战略；二是可有效避免秸秆随地焚烧对空气的污染，有利于环保；三是有利于提高农民的收入，平时丢弃或焚烧的秸秆成为商品能源，给农民带来直接收益。秸秆气化工程不但利用了大量废弃的秸秆资源，而且满足了农村居民生活对优质能源的需求，是农村能源供应的新趋势和秸秆资源利用的新方向。

截至2005年年底，我国农村地区已累计推广省柴节煤炉灶1.89亿户，普及率达70％以上；全国已建设了秸秆集中供气站539处。

生物质能区域供热系统（奥地利）

5. 秸秆气化技术存在的问题。

在环保等部门的推动下，有些省份从 2000 年就开始了试点工作，各地陆续建成了一批秸秆气化站。经过几年的试运行，秸秆气化集中供气试点工程取得了一些实践经验，但不少秸秆气化站在运行 2～3 年后停产，主要原因是秸秆燃烧产生的大量焦油附着在炉体及管道内，炉内的焦油清除相对容易，但输气管道被焦油堵塞后无法疏通，导致送气不畅，并形成安全隐患；而且燃气中一氧化碳浓度较高，一旦泄漏还会造成中毒危险。其次是从建造成本方面考量。早期投资一套秸秆气化集中供气装置需 50 万元左右，目前需资金 70～100 万元，可供 300 户农户使用。试点工程是国家、集体和农户共同出资兴建，一旦试点失败，对三者都会造成较大的经济损失。

秸秆气化集中供气试点工程应注意的问题。

（1）尽快改进秸秆气化的焦油处理技术和燃气净化技术。科研部门要尽快研究如何解除焦油的技术问题，焦油问题如果不能尽快解决，随着时间的推移，现有秸秆气化装置的可靠性、安全性将无法得到保障，使用寿命也将非常有限。

（2）秸秆气化技术目前尚未完全成熟，仍处于开发试点阶段，不应急于加大推广力度。有关部门应及时跟踪试点工程情况，对产生的问题协调有关方面及时研究解决；要加强管理和设备日常维护技术的培训，增强农户安全意识；政府还应对集中供气的施工进行规范，并制定符合农村居民的燃气质量标准，以保障居民的生命财产安全。

（3）建议试点过程由政府出资建设气站。秸秆气化为农村秸秆资源找到一个很好的去处，是一项减少环境污染、有利于广大农民、符合循环经济原则的项目，具有很好的发展前景。在目前农村经济承受能力有限的情况下，建议秸秆气化技术在成熟并积累足够的经验之后再进一步推广，减少因试点失败给农村集体带来的损失。

三　生物制氢

1. 生物制氢的发展现状。

当今世界，随着燃料电池及其他氢能利用技术的不断深入研究与开发，氢能作为解决能源危机、气候变暖的一种有效的二次能源，日益得到世界的认可。氢气是高效、清洁、可再生的能源，在全球能源系统的持续发展中将起到显著作用，并将对全球生态环境产生巨大的影响。氢在燃烧时只生成水，不产生任何污染物，甚至也不产生 CO_2，可以实现真正的"零排放"。此外，氢与其他含能物质相比，还具有一系列突出的优点。氢的能量密度高，是普通汽油的 2.68 倍；用于贮电时，其技术经济性能目前已有可能超过其他各类贮电技术。将氢转换为动力，热效率比常规化石燃料高 30%～60%，如作为燃料电池的燃料，效率可高出一倍；氢适于管道运输，可以和天然气输送系统共用。在各种能源中，氢的输送成本最低，损失最小，优于输电。氢与燃料电池相结合可提供一种高效、清洁、无传动部件、无噪声的发电技术。氢还能直接作为发动机的燃料，日本已开发了几种型号的氢能车。燃氢发动机将逐步地在汽车、机车、飞机等交通工具的应用中实现商业化。

2. 生物制氢技术。

人们以碳水化合物为供氢体，如以甲醇、水为原料，经催化转化，变压吸附分离技术得到氢气。该技术充分体现了流程简洁、占地小、投资省、产品成本低等特点，特别是随着我国生产甲醇装置的大规模建设投产（内蒙古鄂尔多斯生产甲醇 500 万吨/年、海南 120 万吨/年、重庆 90 万吨/年、黑龙江鹤岗 120 万吨/年、新疆石河子 60 万吨/年、陕西神木 60 万吨/年、山东 30 万吨/年等），可以预见，甲醇裂解制取氢气的生产成本也会大幅度降低，产品的竞争力将不断得到提高。

在生物制氢研究领域，利用纯的光合细菌（Photosynthetic bacteria，简称 PSB）或厌氧细菌制备氢气。光合细菌的研究应用在日本、东南亚等国已相当普及。应用领域涉及水产、畜牧、花卉、果蔬、环保等诸多方面，并已被作为改善生态环境，增产增效益的重要措施。我国对光合细菌的研究起步较晚，在水产养殖生产中的应用也是近几年才开展。所幸的是，光合细菌的应用价值正被越来越多的人所认识，国内现在已经有了以生产光合细菌为主的生物技术厂家。

光合细菌能利用可见红外等较长波长的光能，将土壤中的硫氢化物和碳氢化物中的氢分离出来，与 CO_2、N_2 等混合在一起合成糖类、氨基酸类、维生素类、生物活性物质等。光合细菌的生产力是非常高的，据卡尔弗（Culver）和布鲁斯基尔（Brunskill）报道，在美国费耶特维尔绿湖中，绿硫菌每天每立方米的生产量达 1600 毫克，而一般微生物每天每立方米的生产量仅有 100～200 毫克，这是土壤中有机质增加的主要原因。光合细菌有很强的固氮能力，与其他固氮菌相比，其最大的特点是能量来源于最廉价的光能，而且其吸收的光波长正好同植物吸收的波长不同，二者呈互补关系。光合细菌在固氮、固碳的同时，将植物不能吸收的光能导入土壤生态系统之中。把光合细菌与其他异养微生物一起培养，固氮活性增加。光合细菌能产生许多促生长因子、维生素、辅酶 Q 和光合色素等，可激活植物细胞的活性，提高作物光合作用的能力。

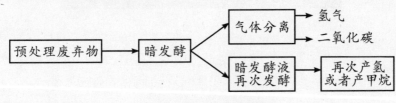

生物产氢的主要工艺流程

20世纪90年代后期，人们直接以厌氧活性污泥作为天然产气微生物，以碳水化合物为供氢体，通过厌氧发酵成功制备出生物氢气，因而使生物制取成本大大降低，并使生物制氢技术在走向实用化方面有了实质性的进展。迄今为止，已研究报道的产氢生物类群包括了光合生物和非光合生物。

（1）蓝细菌和绿藻：该类生物可利用体内的光合机构转化太阳能为氢能。二者均可光裂解水产生氢气，但放氢机制却不相同。光裂解水产氢是理想的制氢途径，但蓝细菌作为产氢来源似乎并不合适，因为在光合放氢的同时伴随氧的释放，除产氢效率较低外，如何解决放氢酶遇氧失活是该技术要解决的关键问题。目前研究内容主要集中在高活性产氢菌株的筛选或选育、优化和控制环境条件以提高产氢量，研究水平和规模还基本处于实验室水平。

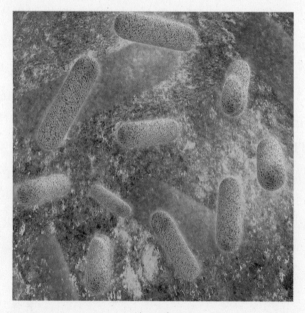

蓝细菌

（2）紫色细菌：这类微生物是一群含有菌绿素和类胡萝卜素、能进行光合作用、光合内膜多样、以硫化物或硫酸盐作为电子供体、沉积硫的光能自养型细菌。因含有不同类型的类胡萝卜素，细胞培养液呈紫色、红色、橙褐色、黄褐色，故称为紫色细菌。紫色细菌可降解有机大分子而产氢，在生物转化可再生能源物质（纤维素及其降解产物和淀粉等）生产氢能研究中显示出优越于光合生物的优势。这类微生物作为氢来源的研究始于20世纪60年代。其生物转化可再生能源物质生产氢能意义深远而重大。如何解决在酸性较强的状态下细胞产氢与生长的矛盾是该技术应着重解决的问题之一。

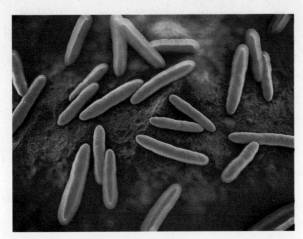

紫色细菌

3. 我国生物制氢的现状。

目前，我国在厌氧活性污泥制氢方面取得了突破性进展，哈尔滨工业大学的任南琪与其导师王宝贞教授在国际上首创了以厌氧活性污泥为产氢菌种的发酵法生物制氢技术。该技术是以碳水化合物为营养源，结合生物学、新能源开发和环境保护多个学科领域，利用生物技术生产可再生能源氢气，是多学科的产物，已完成中试。

我国生物制氢的基础和应用研究以前是空白。近年来，运用生物工程平台技术和生物化工技术，结合我国的国情，对几个生物制氢的关键技术问题进行攻关，取得了与世界水平相平行的具有我国自主知识产权的成果，为我国的生物制氢产业化打下基础。我国是农业大国，利用农业植物资源进行生物制氢技术的研究与开发，将对农业的健康发展产生巨大的推动作用，同时，也使农村能源结构合理化。

福田河河道水处理效果

水指标	处理前(mg/L)	处理后(mg/L)
COD	120	50
BOD	60	40
SS	50	10
TT	1	0.5

BOD（biochemical oxygen demand）指生化需氧量，是水体中的好氧微生物在一定温度下将水中有机物分解成无机质，这一特定时间内的氧化过程中所需要的溶解氧量。

COD（chemical oxygen demand）指化学需氧量，是衡量水中有机物质含量的指标。化学需氧量越大，说明水体受有机物的污染越严重。

SS（solid suspension）指悬浮固体。

TP（total phosphorus）指总磷含量，是水中所有形态下磷（P）的总含量的水质指标。

福田河河道水处理效果

另外，值得指出的是光合细菌能有效地降解或转化土壤中的残留农药、硫化氢和胺类等有毒化合物，对土壤起一定的解毒作用，从而减少甚至避免上述毒物在农作物中的积累。光合细菌能促进土壤微生物的增殖，而细菌的显著增殖可增加土壤中可给性氮素和磷素的含量；固氮菌的增加则能促进生物固氮作用，增加土壤含氮量，提高土壤肥力；放线菌含量的增高有利于分解土壤中的有机质，并产生抗生素和激素类物质，有效抑制某些病原菌的生长，对各种病害起一定的防治作用。由于光合细菌在土壤中的无机光能代谢增殖，大大刺激了固氮菌和放线菌等异养微生物的增加，使土壤中微生物总量增加；土壤中有机肥的施入，是这些异养微生物增殖的物质基础，因此，二者合用效果最佳。由于土壤中微生物总量的增加，加速了土壤团粒结构的形成及土壤养分的再生和有效化，从而为植物生长创造了良好的环境，这就是光合细菌增产的主要理论依据。

4. 利用甲醇裂解制备氢气。

我国甲醇生产初具规模，利用甲醇裂解制备氢气，技术成熟。工艺流程如下：

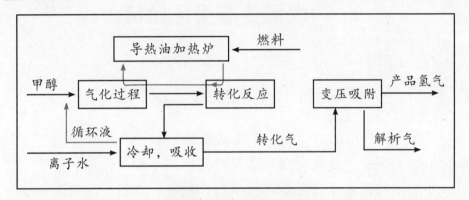

甲醇裂解制备氢气的工艺流程

我国能够制造甲醇裂解制氢的装置，保障氢产品的质量和廉价成本。

甲醇裂解制取氢气的装置

第四节　建设新农村的能源基础
——发展生态循环经济

一　江苏省宿迁市农业生态循环园的实例

　　江苏省宿迁市的一个生态农业示范园区，一期占地10公顷，目前走上净菜上市，残菜喂猪，猪粪生产沼气，沼气发电、照明、供暖，沼液沼渣种植无公害蔬菜的生态、循环、有机、高效的农业之路。基地和市场直接对接，基地种植的蔬菜直接运往市场销售，减少了中间环节，蔬菜成本大幅度降低。示范园的蔬菜生产更有市场针对性，卖得更好，效益更高，可以让利于民，让市民更方便地买到新鲜、便宜、无公害的绿色蔬菜。同时，由于基地的一头直接连着市场，可以随时根据市场需求改变种植品种，降低了风险系数。目前，正在销售的100多个品种蔬菜都来自农业示范生态循环园，无农药、化肥残留，当天采摘当天销售，既新鲜，又卫生。

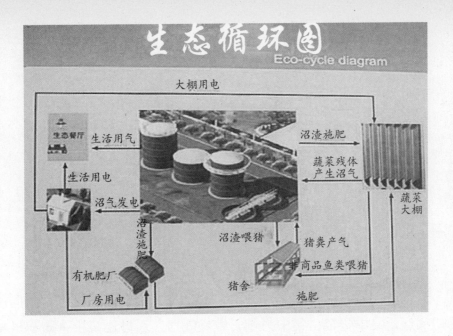

生态循环图
Eco-cycle diagram

大棚用电

生态餐厅

生活用气

生活用电

沼气发电

沼渣施肥

有机肥厂

厂房用电

沼渣施肥

蔬菜残体产生沼气

沼渣喂猪

猪粪产气

非商品鱼类喂猪

蔬菜大棚

猪舍

施肥

你知道吗

天然食物

1. 天然的食物所含的色素不同，特性不同。实验表明，天然的四季萝卜、黑芝麻、紫米、花生米都会使水染色，破损的草莓也会染红水，这不能说是用人工色素染色的结果。四季萝卜是中国传统的药食两用的果蔬，深受国内外人士欢迎。

2. 圣女果属于番茄，从台湾引种。番茄含有丰富的番茄红素，可以增强免疫力、抗衰老。

二 广东信宜市的沼气生产

信宜市把抓好农村沼气建设作为解决农村生态循环经济发展问题的切入点，集中资金，集中力量，做好规划，逐村逐镇推进。积极争取落实省级农村沼气建设项目资金支持，首先在东镇、水口、北界、合水、池洞、丁堡、朱砂、洪冠、钱排等9镇（街道）建设18条沼气示范村。通过几年努力，在全市农村推广使用沼气，有条件的镇村还逐步推广太阳能的利用，在部分镇中心村抓好示范点，大力开展改灶、改厕、改圈、改水等环境综合整治示范，力求通过示范作用推进全市农村村容村貌整治工作有效开展，为信宜市社会主义新农村建设打下坚实基础。广东茂名信宜市突出沼气工程的配套设备的一条龙生产、服务线，有利于沼气产业的发展。

软体沼气发酵池配套设备　　　　沼气锅炉　　　沼气发酵固液分离机

信宜生产的沼气配套设备

三 我国三大煤炭高产城市出现循环经济热

内蒙古鄂尔多斯、山西大同和陕西榆林目前是全国三大产煤城市。鄂尔多斯市（全市 70% 面积含煤）2011 年煤炭产量突破了 1.16 亿吨，成为名副其实的中国第一产煤大市。榆林市（目前探明煤炭储量最多的地级市）近年煤炭产量逐年以千万吨级攀升，去年达到 8100 万吨，全市平均每平方米地下就有 6.23 吨煤，煤炭探明储量达 1660 亿吨。大同市（是煤炭开发历史最长的城市）煤炭产量仍保持着稳定的增长势头，2011 年增产 314 万吨，达到了 8210 万吨。当地的煤炭企业摒弃传统的、单纯的一次性能源开发，大力发展能源相关产业，延长产业链，通过发展产业的循环链条壮大当地的产业集群，在能源开发、利用过程中出现了建设循环经济的热潮。例如，1 吨原煤在井口只能卖 40 元左右，运离井口就可以卖 100 元左右；如果转化成电就可实现产值 500 元，如果转化成甲醇就可以实现产值 1500 元，如果甲醇再转化成聚甲醛等化工产品，就可以实现产值 5000 元。

你知道吗

山西大同煤矿

山西大同煤矿是中国最大的煤矿，储量大，可采煤层多，平均厚度 30～40 米。煤的灰分低，硫、磷杂质少，热值高，煤层稳定易于开采。为国内最大的优质动力煤供应基地。

我国煤炭基地通过各种手段全面加大循环经济的发展力度，采用创新科技把能源从化工产业引导到发展环保型、科技型、和上下游产品有序链接、循环利用的发展轨道上，以资源—产品—再生资源的发展模式，逐步取代传统的资源—产品—废弃物的发展模式。

第五节　"石油树"

一　"石油农业"应运而生—寻找能源植物资源

人们把植物作为能源利用，自古有之。近年来由于石油资源日渐枯竭，植物能源的开发利用又成为许多科学家的话题。美国培育成功一种"石油树"，它的乳液含有与天然石油原油相似的烃类，经过加工脱水、炼制后，可得到汽油、航空煤油等。

我们知道，汽油和柴油都是从石油中提炼出来的，石油在地球上的蕴藏量虽然很大，但毕竟也是有限的。随着石油的不断开采和利用，在未来的一两百年内，石油资源将会枯竭，全世界将面临能源危机。能源植物已成了当前开发利用的对象。

二　"石油树"——绿玉树、麻风树、油桐树等

我国有大量的油料植物，如麻风树、油皮树、油桐、黄连木等。

麻风树　油皮树

油桐　黄连木

我国主要的油料植物

　　江苏宿迁市沭阳大量种植、推广的麻风树是世界公认的生物能源树，被专家称为"黄金树"、"柴油树"。其种子榨油可做化工、生物农药原料；种仁是传统的肥皂及润滑油原料，并有泻下和催吐作用；油渣去毒后可生产蛋白质含量较高的动物饲料；富含氮的种皮残渣是极好的植物肥料；树叶提取物含有多种化学活性成分，其中黄酮类化合物是开发抗菌、抗病毒、抗艾滋病、抗糖尿病、抗肿瘤的药用原料。麻风树是集生物农药、生物医药、生物燃油、生物肥料、化工原料、油料、蜜源植物、水土保持等功能于一体的植物，具有经济、社会、生态多重效益。

麻风树及其制备的生物柴油

第六节　微藻制油

一　微藻资源非常丰富

现在全世界有几万种微型海藻，它们处于海洋食物链的最底端，是大多数海洋生物幼体阶段营养最丰富的饵料。

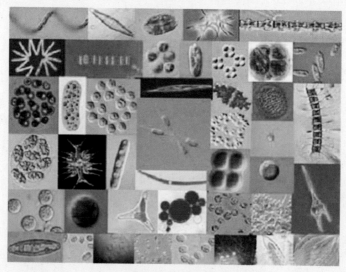

各种各样的微藻

中国科学院海洋研究所海洋生物种质库是国内唯一一家从海水中分离、纯化并进行活体保存微藻的科研机构。目前我国发现的海洋微藻有 2000 多种。其中，还有一些分离出来的微藻叫不上名来，距离真正的开发利用还有很长一段路要走。

二　微藻制油

利用微藻制油，这项技术在 2010 年上海世博会的中国馆内展出，引起全世界的关注。

2011 年年初，我国微藻能源方向的首个"973 计划"（国家重点基础研究发展计划）项目"微藻能源规模化制备的科学基础"正式启动。由华东理工大学、中国海洋大学、南京工业大学、北京化工大学、中国科学院海洋研究所、中国石油大学（北京）等十几家单位联合组织实施。

我国科技人员利用微藻生产生物柴油的实验产品

微藻制油不需要占用大量耕地，只要有水资源和阳光的地方就行。开发"微藻油田"，可选择海边和有水资源的盐碱地，在这些地方大面积培养微藻，让它们通过光合作用生产油脂。当微藻的细胞中积累大量油脂后，技术人员就会将其采收，并将油脂提取出来。因此，微藻能源不但产油量高，还能缓解生物质能源发展中与人争粮、争地和争水的矛盾。

微藻制油能大量减少二氧化碳的排放。据计算，每培养 1 吨微藻，就需要消耗约 2 吨二氧化碳。藻类具有分布广泛、油脂含量高、环境适应能力强、生长周期短、产量高等特点。有数据显示，微藻的单位产油量是玉米的数百倍，每公顷可产 1.5 万～8 万升生物柴油。而且，利用微藻生产的生物柴油品质非常好，可以直接添加使用。欧洲宇航防务集团研发的全球首架纯藻类生物燃料"绿色"飞机上天，集团发言人称，据废气排放检测数据显示，海藻燃料排放的氮氧化物比传统航空燃油少 40%，碳氢化合物少 87.5%，生成的硫化物则更低，其浓度仅为传统燃料的 1/60。更重要的是，海藻生产的生物燃料与现有飞机燃油兼容性非常好。微藻还能直接经过裂解制造液体燃料和氢气，作为新的燃料，缓解目前全球能源紧缺的情况。2010 年上海世博会最佳实践区"沪上·生态家"的微藻除碳栏杆和微藻屏风给许多参观者留下了深刻印象。尤其是当了解到微藻具有吸收二氧化碳、提供氧气、美化环境等作用时，不少参观者都有了在自己家也养一面微藻屏风的想法。

你知道吗

海洋藻类

海洋藻类是一种数量巨大的可再生资源，也是未来提供生物质能源的潜在宝库。中国拥有广阔的沿海和内地水域，可以大规模种植高油藻类，微藻含油量高达 20%，生物柴油的生产规模可以达到数千万吨，值得发展。

三 微藻制油的瓶颈问题

目前,一家企业正在内蒙古一个甲醇生产基地做试点,基地占地1公顷,利用甲醇生产过程中产生的废气、二氧化碳和余热来进行微藻的培育。该企业将用3～5年时间,克服瓶颈问题,让"微藻制油"走出实验室,实现产业化。

微藻能源虽然发展前景广阔、优势独特,已获国内外公认,但迄今为止世界各国在该领域的研发工作还停留在实验研究和中试论证的起步阶段,均遇到技术不成熟而导致成本高这一瓶颈,因此微藻能源在全球尚未实现规模化制备,研究基础薄弱。

微藻制油优势明显,既能产油又能吸收二氧化碳,但成本也较高。要让普通交通工具都"喝"上微藻生物柴油,还需跨越降低成本、优化培育技术、扩大规模、找到合适生产场地等门槛。新奥集团首席科学家甘中学也指出:"技术的改进、产业规模化及装备成本下降,将会直接影响微藻生物柴油成本下降。"我国在"973"计划中重点支持微藻生物柴油的研发。

2007年,以色列一家公司对外展示了利用海藻吸收二氧化碳,将太阳能转化为生物质能的技术,每5千克藻类可生产1升脂肪燃料。

第三章
生物质能发电

第一节　什么叫生物质能发电

　　讲到电，大家就会想到马路旁高高的输电铁塔，它们都是高压电，有 110 千伏、220 千伏、500 千伏，还有 ±500 千伏直流输电线路，它们是不能碰的。

电气化时代，祖国大地上四通八达的高压电网

　　曾经有一个施工单位的吊车吊臂在起吊物件时，不当心碰到高压线，瞬时冒出电火花，并发出巨响，造成设备损坏，人员触电身亡，还引起大面积停电。

　　在现代社会活动中，电的应用十分广泛，电是和人们的生活及生产联系最密切的一种能源。请大家想一想，如果今天没有了电，我们的生活、生产等活动将变得怎样？

现代生活离不开电，电是非常重要的，人人要为节省每一度电而努力，因为电是来之不易的！

一 你知道有多少种发电方法

现在先来讲讲有多少种发电方法，换句话说，有多少种能量形式可以转换成电能。

1. 火力发电——最早最成熟的技术，但有严重污染。

目前全国火力发电装机容量占总的发电装机容量的 70% 以上，而且大多数是燃煤发电厂。全国各大城市都有燃煤发电厂。煤从煤矿中开采出来，通过汽车、火车或轮船运到各城市的发电厂使用。火力发电厂目前向高压、高温、大容量方向发展，国产超临界发电机组容量已达 100 万千瓦。

国内的大型火力发电厂

2. 水力发电——水力资源的合理利用，可减少水灾发生。

水力发电是我国第二大的电力生产企业。长江三峡水力发电站是国内最大的水力发电工程，分别建设了左岸电站、右岸电站和地下电站，共安装了 32 台 70 万千瓦的大型水轮发电机组，总发电容量达

2240万千瓦。水力资源是可再生能源，没有任何污染。三峡电站发出的电力，通过超高压输电线路送到华中、华南、华东等地区使用。

长江三峡水力发电站

3. 核能发电——不会发生原子弹爆炸的核能和平利用。

核能发电是利用核燃料在链式分裂反应过程中放出大量的热能，通过热交换器，把水加热变成高温蒸汽，再通过常规发电厂的汽轮发电机组来发电。

核能发电是一种清洁、安全、稳定、廉价的能源。单台机组容量可达100万千瓦。核电站最主要的是安全问题，吸取国外几次核电站事故的教训，现在设计的核电站采用非能动安全系统，即发生事故时，可以做到非能动排出余热、非能动冷却堆芯及自动降压，确保核电站安全。

国内的核电站

我国第一座核电站——浙江秦山核电站于1991年12月15日并网发电。以后又建设了深圳大亚湾核电站、广东岭奥核电站、连云港田湾核电站。

4. 风力发电——风婆婆给我们送能源。

风力发电是利用空气流动时的动

浙江秦山核电站

能，在风吹到风力发电机的叶片时，使风力发电机转动起来，经过增速后，使发电机发出电来。风能是一种可再生能源，而且到处都有，特别是海上风力比陆上大。我国的风能资源十分丰富，全国风电储量约10亿千瓦，其中海上风电储量约7亿千瓦，陆上风电储量约3亿千瓦。

我国很早就开始大规模应用风力发电。早在20世纪90年代初，在内蒙古推广了许多小型风力发电机，单机功率从几十瓦到几百瓦，有十几万台，后来由于维修、配件等服务跟不上，而逐步衰退下去。正如当时那篇报道——《草原风力电机待维修，大篷车队"弹尽粮绝"》。

我国风力发电连续五年增幅超过100％，到2010年全国风电累计装机34485台，容量4473.3万千瓦。

陆上风电场

海上风电场

风力发电机也在不断发展新技术，如多个风筝的环形组合风力发电机，又如空中"糖葫芦"式的高效风力发电机，还有各种垂直轴式风力发电机。

风筝式发电机

空中"糖葫芦"式发电机

半球式发电机

涡轮式发电机

直板式发电机

树枝状发电机

5. 太阳能发电——大自然免费供给的能源。

太阳能是"取之不尽，用之不竭"的清洁能源，太阳能发电如何实现的呢？目前有两种办法可以从太阳能中获取电能。

（1）光伏发电——是一台太阳能发电机。它使用的燃料是免费的太阳光，发电机是由单晶硅、多晶硅制成的光伏组件。太阳能发电应用范围很广，有太阳能汽车、太阳能飞机、太阳能路灯、太阳能充电器、太阳能计算器等。随着光伏电池组件的扩大，

太阳能光伏发电站

可以组装成太阳能电站，功率由几千瓦到上万千瓦。

我国在云南石林建造了亚洲最大的光伏发电实验示范电站，功率达 10 万千瓦，于 2009 年 12 月投产。每年能节煤 4 万吨。光伏发电可以和建筑结合起来，组成光伏建筑一体化屋面组件，这样在千家万户的屋顶上都可以建家用太阳能发电厂。

屋顶光伏发电

家用太阳能发电站

（2）光热发电——由太阳能锅炉产生蒸汽，通过汽轮发电机组来发电。太阳能锅炉按聚光方式的不同，可分为塔式太阳能热发电、槽式太阳能热发电和碟式太阳能热发电。

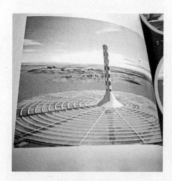

塔式发电机

槽式发电机

碟式发电机

6. 地热能发电——地球内部有火炉。

在 1904 年，意大利人在拉德瑞罗地热田上建起世界上第一座地热电站，功率为 550 千瓦。地热发电厂怎么能发电呢？

地热能深藏在地球深处，地心内是熔融的高温岩浆，至今在某些活的火山口还能经常喷出火红的高温岩浆。地热发电就是利用地球深处的热量来加热水，使之变为蒸汽，通过汽轮发电机组发出电来。这种地热可以用来向人们提供热水，许多地方的温泉，就是热水的一种利用。大规模的利用就是搞地热发电。

我国地热资源丰富，早在 1977 年就探明西藏羊八井地区的地热田，深度为 200 米，在当年建成我国第一座地热发电站，目前装机容量为 2.5 万千瓦，成为拉萨地区主力电源。

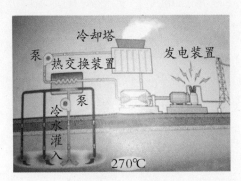

地热发电站示意图

地热发电站

7. 潮汐发电——大自然的景观。

每年的 8～9 月，各地旅游者都到浙江海宁观潮。钱塘江的入海口，经常会出现波涛汹涌、壮丽奇妙的海潮，像千军万马似的向游客奔来，给游客一个大浪扑面，好惊险呀！

潮汐是一种自然规律，其中蕴藏着巨大的能量，全世界的潮汐能约有 27 亿千瓦。人们可以建设潮汐发电厂，利用潮汐能来发电。我国建造的江厦潮汐能发电站，装机容量为 3200 千瓦。

江厦潮汐能发电站

8. 生物质能发电——生物质是人类的好朋友。

生物质是人类最早应用的物质，生物质是人类生活的基本物质，没有生物就没有人类。生物质能是一种量大面广的可再生能源，可以就地取材、就地消化，是一种很有开发前途的新能源。生物质能发电就是利用生物质能转化为电力。我国是一个农业大国，每年秸秆产量约有 7 亿吨，相当于 3.5 亿吨标准煤，秸秆的综合利用有很多方面，如可以造纸、制胶合板、做肥料和饲料、制备可燃气、发酵制沼气、用热裂解制成液体燃料，最常见的是广大农村用来做饭烧菜的燃料。现在秸秆可以用各种成型机制成"绿色燃料"，还可以用来发电，这是大量有效利用生物质能的主要方面。生物质能发电技术比较成熟，国内发电设备均能满足需要，投资省，建设快，社会经济效益和环保效益都比较好，还可以为广大农民带来可观的经济收益。

直接燃烧发电是生物质能发电的常用技术，其发电系统如图所示。

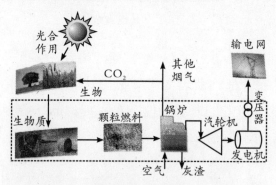

生物质能发电系统图

生物质能发电厂

二 火力发电厂是怎样发电的

当你看到高高的红白相间的大烟囱时，就知道是一座火力发电厂，下图是一家火力发电厂的全景图。

火力发电厂

　　火力发电厂一般建在大江大河的沿岸。发电厂每天要燃烧许多燃料，大量的煤炭从煤矿运到发电厂的码头，抓煤机把煤从船上装到输煤皮带机，通过除铁后进行破碎，最后送到锅炉房的煤斗中去。

火力发电厂煤码头

　　煤斗中的煤通过给煤机送到磨煤机，把煤磨成煤粉，最后给粉机将煤粉喷入锅炉炉膛内燃烧。经过化学处理的蒸馏水，用高压送到水泵预热再送入锅炉，在炉膛内吸收大量热量后，蒸馏水变成高温高压蒸汽。

　　这时的高温高压蒸汽，通过蒸汽管道和阀门，冲向汽轮机，使汽轮机转动起来，把热能转换成机械能，其转速达每分3000转。通过联轴器，把发电机也带动起来。在发电机内的转子是块大磁铁，定子是个大线圈，应用电磁感应原理，把机械能转换成电能，就发出电来。这是交流电，其频率为50赫兹。

进入汽轮机的大量蒸汽跑到哪里去了呢？火力发电厂建在大江大河边的原因就在这里，目的要利用大量的江水，通过汽轮机的冷凝器，把蒸汽中的大量余热带走（这是发电厂最大的热损失），使蒸汽凝结成水，该冷凝水经除氧后，再由给水泵打入锅炉中，如此不断循环，实现了把煤变成电的整个生产过程。

再问你一个问题，大量煤粉进入炉膛燃烧后，1200℃以上的烟气如何处理？这些高温烟气经过过热器、再热器、空气预热器时，各个设备都从烟气中吸取热量，使烟温降低，然后进入电气除尘器，除去99％以上的灰尘；经过脱硫脱硝处理，最后由引风机把大量烟气引入大烟囱，向空中排放。

除尘器收集下来的粉煤灰，以及脱硫后产生的副产品，均可以用来综合利用，作建材的原料。

电气除尘器

主控制室是发电厂的指挥中心，按照电力系统调度中心下达的生产命令，执行每天发电机组、锅炉等的启动和停止运行任务，发电机的并网操作也在主控室内进行。这里的电气运行人员工作紧张，但他们感到很自豪，他们每时每刻监视着电能的质量，保证电压和周波合格。

主控制室

发电机发出的电压很高，有 6.3kV，有 10.5kV，有 18.5kV，通过升压变压器送入高压电网。

你知道吗

凡是对地电压小于 250V 的称低压。

对地电压大于 250V 的称高压。

220kV、500kV 称超高压。

1000kV、±800kV，称特高压。

发电容量单位为兆瓦，单位符号为 MW。

1MW＝1000 千瓦＝1000kW。

发电量单位称千瓦时（度），单位符号为 kW·h。

三　什么叫生物质能发电

这里讲的生物质，一般是指木材、树枝、落叶、杂草、农作物（如稻、麦、棉花、大豆等）秸秆、畜禽（如鸡、猪、牛、羊等）粪便，以及城市生活垃圾、食品加工厂的有机废弃物、水处理厂的污泥等。它们都含有大量有机质，具有一定的能量，如果把它们随意丢弃，就会严重污染环境，这些生物质能不能变废为宝呢？能不能用生物质来发电呢？

长期以来，世界上很多国家都创造出了各种利用生物质来发电的技术，研制出了各种利用生物质发电的设备，在世界各地建立了许多形式多样的生物质发电厂。如巴西的甘蔗渣发电建成较早、规模较大；英国的木屑发电、杂草发电、畜禽粪发电的建设先于其他国家；美国的生物质直燃发电装机容量最大；日本的城市垃圾焚烧发电技术较先进，规模较大；欧洲一些国家的沼气发电、垃圾填埋气发电技术较先进。

生物质能发电方式很多，按照生物质燃料的不同形式可分为固体燃料、液体燃料和气体燃料，把这些燃料送入锅炉燃烧，使水变为高温蒸汽，通过汽轮发电机组发出电来；也可以使用内燃机组，利用液体燃料及气体燃料进行发电。现把各种生物质能发电技术归纳如下：

（1）生物质固体成型燃料发电；

（2）生物质液体燃料发电；

（3）生物质气体燃料发电。

第二节　固体生物质发电

固体生物质发电，有生物质固体成型燃料发电、城市生活垃圾焚烧发电、城市生活垃圾和煤混烧发电、秸秆直接燃烧发电、秸秆粉和煤粉混合燃烧发电、稻壳发电、甘蔗渣发电、木屑发电、杂草发电及畜禽粪发电等。

一　生物质固体成型燃料发电

生物质固体成型燃料就是把秸秆、树枝、果壳、杂草、木屑等生物质通过物理方法制成颗粒燃料，可以替代煤炭，故又称"绿色燃料"。制造颗粒燃料的设备主要有粉碎机、搅拌机和造粒机。在搅拌机内加入黏合剂和助燃剂，最后用造粒机（又称生物燃料成型机）制成圆柱形或长方形的颗粒燃料。

粉碎机

造粒机

污水处理厂的污泥也能生产"人造煤"用来发电。

把黑黑的污泥源源不断地送入干化装置中，使污泥的含水率从70%降到20%，然后压制成颗粒状"人造煤"。每处理4～5吨污泥，约能生产1吨"人造煤"。在锅炉内试烧，火势不比煤差，估计热值在12.6兆焦/千克左右，可以在水泥厂中使用，也可以在发电锅炉内使用。大约2吨"人造煤"可以抵上1吨标准煤。此项目非常有推广意义，可以有效促进废资源的再利用。

二　利用秸秆粉和煤粉混合发电

我国首家煤粉、秸秆粉混合燃烧发电机组于2005年12月在山东十里泉发电厂成功投产，标志着生物质能发电领域取得突破。

该厂在2005年对5号机组进行可再生能源利用技术——秸秆粉燃烧技术改造。这是全国首家且容量最大、单位造价最低的生物质能发电项目，每年节约7万多吨煤，还使农民增收3000多万元。秸秆含硫量仅为煤的1/7～1/4，因此一年减少SO_2排放1500吨。

三　秸秆直燃式发电

几十年前，在英格兰东部建成了世界上最大的利用秸秆的发电厂，装机容量达3.8万千瓦，每年要消耗40万吨秸秆。可供8万户家庭用电。

在每年的夏收、秋收季节，总能看到在农田里白烟滚滚，这是农民在农田里焚烧秸秆。我国每年烧掉约1亿吨秸秆。这样处理，不但浪费了大量的生物质资源，而且严重污染了环境，更严重的会影响飞机在空中飞行和起降安全，也会影响高速公路上汽车行驶的安全。

为了充分利用各种作物的秸秆资源，发展秸秆直燃式发电是一项利国利民的有效措施。各地要因地制宜地发展生物质能直燃发电厂。如新疆玛纳斯棉秆生物质发电项目，投资3亿元，装机2.5万千瓦；广东、广西、云南等地的糖厂，建设甘蔗渣发电厂；产粮区的大米加工厂，可建设稻壳秸秆直燃发电厂，如江苏、山东、河南、黑龙江等地；在林区可以建设木屑发电厂等。

生物质能发电厂外景

下面介绍国内首个国产化生物质直燃发电项目——江苏宿迁生物质能电厂。该生物质能发电厂每年消耗秸秆 20 万吨，发电装机容量 2.4 万千瓦，为农民增收 5000 多万元。

1. 对生物质燃料进行收集。

由于生物质燃料分散在广大的农田内，因此首先要把秸秆收集起来。现代化的农业，用打包机把秸秆捆扎起来以便于运输，然后运到发电厂的燃料堆场内。上面用防雨布遮盖，以免下雨受潮，影响发电。也有的堆放在干料棚内，这样就更安全了。

秸秆打包机在工作

2. 生物燃料加工及输送。

首先把秸秆等原料进行粉碎，有的要造粒，有的要打成秸秆粉，按不同发电锅炉要求而定。加工好的生物质燃料放在燃料棚内，把燃料推入落料坑中，由螺旋输送机把燃料送到输料皮带运输机上，再送到高高的料仓中去，供锅炉使用。

生物质燃料加工棚

3. 锅炉燃烧。

燃烧生物质燃料的锅炉，有燃烧固体成型燃料的炉排锅炉，有秸秆粉和煤粉混合燃烧的煤粉锅炉，有燃烧甘蔗渣和棉秆的流化床锅炉。

生物质燃料锅炉

4. 汽轮发电机车间。

高温高压蒸汽通过主蒸汽阀门和调节阀门进入汽轮机做功，把蒸汽中的热能转换成机械能，使汽轮机高速转动，带动发电机一起转动，发电机把机械能转变为电能，通过电气开关、闸刀将电输入电网中，再由电网将电传输到千家万户使用。

汽轮发电机车间

5. 控制室。

控制室是生物质能发电厂的指挥中心。在这里，可以通过各种仪器、设备调控发电厂的发电功率、主蒸汽压力、主蒸汽温度，还能自动打印锅炉、汽轮机、发电机的各个运行参数和发电量，厂用电量等数据。

控制室

6. 尾气处理。

锅炉尾部的烟气经过除尘和净化处理后，由一台引风机把处理后的烟气吸过来，送到高烟囱并排放到大气中。为防止引风机、电动机雨天受潮，损坏电气绝缘，故在电动机上面安装一个防护棚，确保引风机的安全运行。有的发电厂把引风机放在房间内，这样更安全。

除尘及净化设备

7. 灰尘利用。

锅炉的除尘器把烟气中的灰尘除去，灰尘落在灰斗中，经出灰机排出，然后用螺旋输送机把灰尘送到综合利用的地方去。

四　城市生活垃圾焚烧发电

随着城市人口的增加，城市垃圾的总量日渐增大，许多城市产生"垃圾围城"现象，如不及时采取措施，将会影响城市的发展。不同的国家，对城市垃圾有不同的处理方法。我国对城市垃圾的处理原则是要走"减量化、无害化、资源化"的道路。目前各城市处理垃圾的办法是垃圾填埋、垃圾焚烧发电、生化处理堆肥等。我国政府对垃圾处理非常重视，提出了具体的解决"垃圾围城"的办法。

垃圾围城

1. 垃圾是怎样产生的？

衣服穿破了怎么办？棉花、羊毛、化纤能再利用吗？

旧书报杂志怎么处理？

各种食品包装、瓶罐如何处理？

平时厨余垃圾、果蔬皮壳如何处理？

……

这些东西，大家都认为是"垃圾"，其实世界上没有真正的垃圾，垃圾是被我们放错了地方的资源。垃圾是可以"变废为宝"的，但必须靠大家把垃圾进行分类。

2. 垃圾必须分类——垃圾和青少年的对话。

垃圾说："我不是垃圾，因为我原来是宝，是你们把我请到你们家里来的。现在被你们丢弃了。"

青少年说："我们把你请到家内来，是要你为我们服务的呀！"

垃圾说："我到了你家，你们对我太不客气呀！剥了我的皮，吃掉我的肉，把骨头都打断。我不能再为你们服务了，你们就把我丢了。"

垃圾又说："现在请你们把我们分别送回到我们的老家去（即分类），我还是宝贝呀！以后还可能为你们服务的。"

青少年说："你们的要求不高，我会按你们的要求送你们（垃圾）回家。我们知道你们是个宝，是取之不尽的可再生资源。你们还将为我们做成肥料，发电，再造塑料，制造再生纸，再冶炼出铜、铁等，继续为我们服务。谢谢你们！"

这样，垃圾就被从千家万户中分类出来。按可回收垃圾（废纸、废金属、废玻璃等），不可回收垃圾（如厨余垃圾、瓜皮果壳、杂草、木屑、棉麻织物等），有害垃圾（如电池、废灯管、过期药品等）分别放入对应的垃圾桶（箱）内，由环卫

青少年在学习垃圾分类

工人把这些"宝"送到发挥垃圾作用的地方去，把不可利用垃圾运到垃圾焚烧发电厂去做燃料，进行焚烧发电，这时垃圾就是"宝"。

你知道吗

· 每吨家庭垃圾中大约有 150～200 千克有机碳。

· 这种有机碳通过微生物作用开始发酵，就产生填埋气。

· 每立方米填埋气可发电 5 千瓦时。

3. 为什么说垃圾是"宝"呢？

先看看利用垃圾的贡献吧！

每回收 1 吨废塑料，可制成 0.7 吨塑料颗粒。

每回收 1 吨废钢铁，可炼出 0.9 吨钢，节约铁矿石 3 吨、焦炭 1 吨，比用铁矿石炼钢节省成本 47％，减少空气污染 75％，减少 97％的废水污染和废渣排放。

每回收 1 吨玻璃，可节省 1.25 吨原料，节约成本 20％，节约煤 10 吨，节约电 400 千瓦时，节省石英砂 0.72 吨、纯碱 0.25 吨。

每回收 1 吨厨余垃圾，用生物技术进行堆肥处理，可以产生 0.3 吨有机肥料。如送去垃圾焚烧发电，则可以发电 300 千瓦时。

废橡胶、废轮胎也可以回收，经粉碎后，可以制成再生橡胶制品，也可以作为发电厂燃料。美国在 1987 年建成了世界上第一座轮胎发电厂，功率为 1.5 万千瓦，每年烧掉 700 万个旧轮胎。

把废电池、废灯管、废电子产品等有害垃圾，送到电子废品处理厂进行特殊处理，可以回收各种稀有贵金属，如金、银、锡、汞、铬、钨等。

现在看来真正的垃圾是没有的。原来这些东西，只要我们得把它们分类好，确确实实是"宝"呀。一句话，"要把垃圾变成宝，先把垃圾分类好！"

4. 垃圾焚烧发电厂。

许多城市都建造了垃圾焚烧发电厂。高高的红白相间的烟囱，正在忙碌地消化大城市的生活垃圾。许多垃圾焚烧发电厂还建在市中心。

建在市中心的垃圾发电厂

城市里的人们在日常生活中必然会产生各种废弃物。据统计，一般一个人每天产生 1 千克生活垃圾。上海是个特大城市，常住人口约 2000 万，每天产生垃圾 2 万吨左右；16 天的垃圾堆起来，体积相当于一座金茂大厦。因此，用垃圾焚烧发电的办法来缓解全国日益严重的"垃圾围城"情况，是很有必要的。

城市垃圾是一种可再生的生物质能资源，而且可以做到就地取材、就地消化，可以减少为了运输垃圾所消耗的大量人力、物力和能源。

青少年朋友们，下面介绍一座现代化的生活垃圾焚烧发电厂——上海江桥城市生活垃圾焚烧厂。走进这座垃圾焚烧发电厂，就像走进花园一样，闻不到半点臭味。电厂师傅说，若要垃圾发电效果好，先把垃圾分类做好，并且做到符合减量化、无害化和资源化的垃圾处理要求。

上海江桥城市生活垃圾焚烧厂鸟瞰图

在该垃圾发电厂门口看到树起一块数字显示的烟气排放指标牌，烟气排放指标牌上显示电厂向空气中排放的各种排放物的指标：氯化氢、氮氧化物、一氧化碳、二氧化碳、烟尘浓度。这些指标完全符合国家制定的排放标准，说明排放的烟气对人体不会造成危害。

你知道吗

每吨垃圾平均发电 300 千瓦时。

每人每天平均产生垃圾约 1 千克。

上海市每天产生城市垃圾约 2 万吨。

上海市 16 天垃圾的体积相当于一座金茂大厦。

上海江桥城市生活垃圾焚烧厂每日处理垃圾 1500 吨。

垃圾焚烧发电厂有五大系统：

①垃圾处理系统，工作流程为垃圾堆仓、垃圾处理、除铁、粉碎、运到锅炉料仓。②垃圾焚烧炉、焚烧出灰、烟气净化。③除尘，通过烟囱将烟气排向天空。④汽轮机及发电机系统，用蒸汽来发电。⑤出渣系统，配制肥料或制建材。

（1）从各地收集来的垃圾，用封闭式垃圾专用车运到垃圾发电厂接收大厅，通过活动门把垃圾卸入垃圾仓内，停留 1～3 天。

垃圾接收大厅

（2）垃圾起重机（俗称吊车）把垃圾吊起装到锅炉的垃圾进料斗内。吊车控制室和垃圾贮仓是隔开的，但在玻璃窗外看得到，这样吊车司机就闻不到臭气了。

垃圾起重机

（3）垃圾焚烧炉是处理垃圾的主要设备，里面有活动的炉排。垃圾放在上面燃烧，下面有热风向上吹，使炉排上的垃圾充分燃烧。炉膛内的温度可达 850℃以上，这时可以把有害物质二噁英分解掉。焚烧垃圾产生的热量加热锅炉内的水，

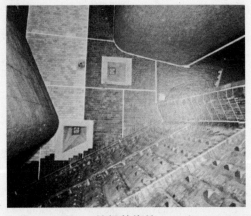

垃圾焚烧炉

使水变成高温高压蒸汽。

（4）由锅炉产生的高温高压蒸汽进入汽轮发电机组做功，使汽轮机高速旋转，在发电机的定子内发出50赫兹交流电，并输入到电网。

汽轮发电机车间

（5）垃圾燃烧后的烟气进入余热锅炉，对锅炉的给水进行加热，使之变成高温蒸汽，此时排出的烟气经过净化除尘，除去烟尘中的 SO_2、NO_x、HCl 等有害气体和细小灰尘。最后通过引风机把环保达标的烟气排入大烟囱，排到大气中。

除尘净化设备

（6）中央控制室是垃圾焚烧炉、汽轮发电机及厂用电设备，以及变压器、并网装置和输电线路等集中控制的地方，是垃圾发电厂的指挥中心，用计算机进行控制。

（7）垃圾经焚烧后的灰烬落入灰坑内，除尘器除下来的

中央控制室

灰尘也送到灰坑内，最后用抓灰起重机把灰烬装到卡车上，送到综合利用的地方去。

出灰部分

为了使读者对垃圾发电厂有一个完整的认识，这里提供一张图——床式垃圾焚烧发电成套设备的剖视图，使你对垃圾焚烧发电的完整工艺流程有个初步认识。

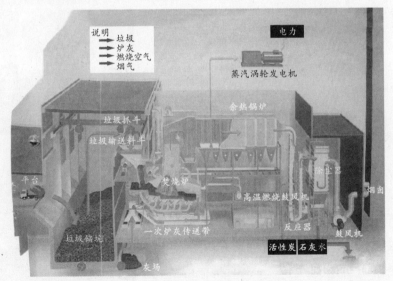

床式垃圾焚烧发电成套设备剖视图

五　废市材发电

在苏格兰有一座以木材为燃料的发电厂，于 2007 年年底投入使用，装机容量为 4.4 万千瓦，可供 7 万户家庭使用。

英国建造了一座全球最大的木屑发电厂，设计装机容量 35 万千瓦，投资 4 亿英镑。该电厂使用的木屑全部来自美国、俄罗斯和乌克兰的可持续林场，通过船运到发电厂。该电厂除燃烧木屑、柳树碎片和锯屑外，还可以利用农作物秸秆、禽粪垫草等来发电。该发电厂不会产生有害气体，烟囱高达 100 米。电厂对周围空气的影响几乎可忽略不计。

青少年朋友们，现在再请你们参观一座利用废木材作燃料的发电厂吧！

（1）图一为木屑发电厂外景。这是一座以废木材为燃料的生物质能发电厂，由燃料堆场、燃料加工粉碎、燃料输送、生物质锅炉、汽轮发电机、除尘净化系统、电气主控制室等组成。

图一　木屑发电厂外景

（2）图二为废木材加工场区，有各种树枝、废木材等，用粉碎机加工成生物质燃料。使用的设备有铲车、装载机、破碎机等。把各种大小不同的木头、树枝、竹头、秸秆等加以粉碎，成为适合锅炉燃烧的生物质燃料。

图二　废木材加工场区

（3）图三中，废木材放在干料棚中，这里右边是皮带输送机，加工好的生物质燃料在干料棚内，通过地坑、螺旋输送机及皮带输送机送到锅炉房去。图中间高高的设备就是锅炉；左边是排烟用的大烟

图三　干料棚

囱；最前面的是生物质燃料干料棚，人们用专用卡车把加工好的生物质燃料运输到这里，以供锅炉使用。

（4）图四是输料皮带机输送生物质燃料的情况。现场地面很整洁。

图四　输料皮带机

（5）图五是在锅炉后面的烟气净化装置和除尘装置，用来把烟气中的灰尘及有害废气除去。灰斗下面有辆卡车，卡车把灰斗中的灰尘装到综合利用的地方去加工成产品。

（6）图六是生物质能发电厂的控制室，用来监视和控制发电厂的正常运行。上面一排数字，显示蒸汽的温度和压力、发电机的有效功率。

图五　除尘器及灰斗下的卡车

图六　生物质能发电厂控制室

六　甘蔗渣发电

广东、广西、云南等地盛产甘蔗，甘蔗制糖后产生大量甘蔗渣。许多制糖厂就自建热电车间，采用燃烧甘蔗渣的锅炉，产生蒸汽来发电、供热。此种生物质能热电厂投资省、见效快，而且对环境没有破坏。仅广东和广西就拥有 380 多个甘蔗渣发电工程，其发电量达 80 万千瓦。到 2003 年年底，发电量达 190 万千瓦。右图为广东南海糖厂的自备发电

南海糖厂汽轮发电机车间

厂内的汽轮发电机车间。

巴西是产糖大国，每年有甘蔗渣约 1500 万吨，在圣保罗有 140 家企业用甘蔗渣发电，做到用电自给，多余电力出售给电网。

七 稻壳发电

稻谷在加工成白米时，碾磨下来的稻壳又称砻糠。过去在上海的弄堂内，开的老虎灶（是一种供应居民热开水的小店）就是用稻壳作燃料的。

中国台湾研制出旋风式稻壳燃烧炉，用稻壳作为燃料生产蒸汽发电。研究人员发现，每千克稻壳燃烧后，可以产生 3600 大卡热能。稻壳灰还可以作保温材料及炼钢炉的添加剂。

英国在 2005 年建造了世界上第一座"草电厂"。这是英国第一座以草作为燃料的大型发电厂，它位于英格兰中部的斯塔福德郡。造价约 1200 万美元。它用象草作为燃料生产蒸汽发电。象草是多年生草本植物，生长在热带、亚热带地区。专门由农民种植象草卖给发电厂。草电厂和燃煤电厂相比，每小时减少 1 吨 CO_2 的排放。

八 鸡粪发电

鸡粪又脏、又臭，能有用吗？在农村鸡粪是很好的有机肥料。你知道吗？

（1）1993 年 10 月，英国建成世界上第一座以鸡粪为燃料的发电厂。这座鸡粪发电厂的燃料为鸡粪和木屑、秸秆的混合物。每年烧掉 12.5 万吨鸡粪，发电容量为 12500 千瓦。这座发电厂解决了 1400 万只鸡的粪便处理难题，防止了养鸡场对环境的污

现代化养鸡场

染，而且燃烧时排放的有害气体大大低于燃煤电厂。还有唯一的副产品，是富含磷、钾的有机肥。

目前，英国最大的生物质能发电厂是三个禽粪垫草发电厂中的一个，位于英格兰东部的塞特福特，装机容量为 38.5 兆瓦，为家禽业每年产生的 40 万吨禽粪垫草提供了理想的解决方案。

（2）在美国，有一座以火鸡粪为燃料的全球最大的火鸡粪发电厂，每年燃烧 70 万吨火鸡粪，装机容量为 5.5 万千瓦。火鸡粪比较干燥易燃，而火鸡是美国人的主要食用禽类，数量很多，火鸡粪来源较充足。

（3）2009 年 4 月 9 日，福建凯圣生物质发电公司的首座鸡粪发电厂，并网后通过 72 小时满负荷试运行。该厂是亚洲首座利用鸡粪等垃圾发电的环保型生物质发电厂，装机容量为 2 万千瓦，由光泽圣农集团和武汉凯迪公司共同投资兴建，总投资 3.5 亿元。凯圣热电厂首期两台汽轮发电机组和循环流化床锅炉，每年可发电 1.68 亿千瓦时。发电厂的投产运行能满足 1.2 亿只肉鸡产生的 40 万吨废弃物的资源化处理需求，并带来可观的经济效益和社会效益。

第三节 沼气发电

过去在我国农村，有一种不用煤油的灯，其火焰呈浅蓝色，而在灯的罐内却放着烂菜皮和鱼内脏。这种神奇的灯，就是沼气灯。

在我国农村宜大力推广使用沼气。首先要建造一座密封性能良好的沼气池，然后，把人、畜、禽的粪便，连同秸秆、树枝、杂草、果壳、菜皮以及家庭厨余垃圾等放入沼气池内，在缺氧的条件下，经微生物发酵，就产生沼气。如果扩大规模，可以搞沼气集中供气工程，为新农村建设提供生活和生产能源。

你知道吗

· 沼气的主要成分是甲烷、二氧化碳，还有少量氮气、氢气和硫化氢，它是一种无色气体，难溶于水，易燃烧。当空气中的沼气含量在 5.3％～14％时，遇明火就会发生爆炸。

· 1 立方米沼气燃烧产生的热量相当于 1 千克煤燃烧产生的热量。

· 每吨禽粪，每天可以产生 8～10 立方米沼气。

· 每头奶牛每天排泄的粪便可产生 0.9 立方米沼气。

· 每 5 头猪每天排泄的粪便可产生 1 立方米沼气。

平时大家都认为鸡、鸭、猪、牛、羊等的粪便很脏、很臭，会污染环境、污染河流，严重时会影响饮用水质，处理起来又很麻烦。但是，如果我们把这些有机废料集中起来投入到沼气池内，使它产生沼气，就可以为我们所用了。

沼气不但可以烧饭、做菜，而且还可以用来发电。秸秆在家中直接燃烧，热能利用率只有 10％；如果把它转换成沼气再燃烧，则热能利用率大于 60％。

一　沼气发电

沼气发电主要通过沼气内燃机或微型燃气轮机来发电。如果把沼气作为锅炉燃料，加热锅炉中的水，可以产生热水，也可以使水变成高温蒸汽，这时就可采用汽轮发电机组来发电了。下图为沼气发电循环利用系统图。

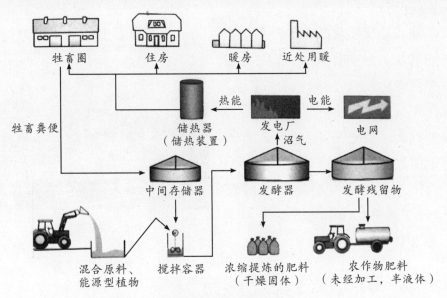

沼气发电循环利用系统图

　　沼气集中在储气罐后，经配气装置，可以送到农户家里作炊事之用，也可以通到内燃发电机组进行发电。

大型沼气储气罐　　　家用沼气罐

沼气发电设备主要有两种，一种是沼气内燃机，另一种是微型燃气轮机。

随着环保要求的不断提高，鸡、猪、牛等禽畜的排泄物处理问题必须解决，较好的办法是利用畜禽粪便产生沼气，进行沼气发电，这样不仅解决了麻烦的粪便污水处理问题，保护了环境，又能产生电能，创造了经济效益。

内燃发电机组

沼气内燃机发电功率一般较小，1~22千瓦为小型的，33~300千瓦为中大型的。

二 鸡粪沼气发电

你知道鸡粪也可以发电吗？只要把鸡粪和杂草、秸秆混合放入沼气池内，经厌氧发酵后，就会产生沼气。用沼气内燃机组来发电，就成为鸡粪发电厂了。

如果要建一座500千瓦的鸡粪发电厂，需要养鸡30万只。

三 猪粪沼气发电

现代化的养猪场，排出的粪便、污水进入沼气池，经厌氧发酵产生沼气，供民用炊事、大棚取暖，乃至发电。

澳大利亚一家公司利用热力处理方法，从猪粪中提炼出一种易燃气体用于发电，其固体

现代化养猪场

粪便可做肥料。

另有一家拥有 2500 头猪的养猪场，每天排出约 20 吨粪便。利用细菌来分解，并获取沼气，送到发电厂进行发电。

如果有 15000 头猪的养猪场，可以建设一座功率为 500 千瓦的猪粪发电厂。

四　牛粪发电

牛、羊等反刍动物是甲烷、CO_2 的重要释放者。目前全球有 10.5 亿头牛、13 亿只羊。牛、羊所排放的甲烷气体量占全球排放总量的 1/5，其中牛产生的甲烷气体量最大，是其他反刍动物的 2～3 倍。美国一家农场主利用 1500 头奶牛的粪便发电。其原理是利用牛粪中释放出来的甲烷气体，作为发电用燃料，所发电能可供 300 户家庭的用电，且电价只有国家电网价格的 1/3。如果有 2500 头牛，就可以建设一座 500 千瓦的牛粪发电厂。

养牛场

五　垃圾填埋场填埋气发电

堆在垃圾填埋场内的垃圾，经过一两年后，就会产生填埋气。如果把这些气收集起来，就可以用来发电。

世界各国都利用城市垃圾产生的填埋气来发电，已成为普遍采用的成熟技术。在上海世博会上有一个垃圾场华丽转身的案例。

1. 垃圾场的华丽转身——蒙特利尔案例。

在世博会上，讲述了在蒙特利尔市经历了近 60 年的石灰石开采后，采石场的深度约有 70 米，面积约 190 公顷。从 1968 年起还填埋了 4000 万吨垃圾。直到 1995 年蒙特利尔市政府提出一项修复计划，使昔日的垃圾填埋场开始华丽转身。如今在 4000 万吨垃圾层中，铺设了一套由 375 个竖井组成的沼气收集网络，把沼气输送到加斯蒙发电厂发电。每年秋天收集大量落叶变成堆肥，用作覆盖垃圾填埋场最后表层的覆土，避免在周边耕地上取土。另外为市民设立 6 个生态中心。回收可再利用的木材、金属、家具、衣物和小型家电等废弃物，最终把垃圾填埋场改造成一座优美的大公园。

填埋气的成分：甲烷含量 50%～60%，二氧化碳 35%～45%，氢气 5%～15%，氧气 1%～3%。

2. 我国利用城市垃圾填埋气发电成功。

由国家环保局立项，联合国 GEF 赠款援助，在马鞍山市环保局、环卫处及矿山环保研究所联合实施的利用城市垃圾填埋后产生的沼气发电的项目在马鞍山市宣告成功。首台 5 千瓦沼气内燃发电机组已试运转一年，通过国家环保局的科技鉴定。

他们将城市垃圾填埋后产生的沼气通过密布的沼气导管和输气管网，用抽气机将沼气输到净化塔内，净化后输入储气柜，再进入沼气内燃发电机组发电。

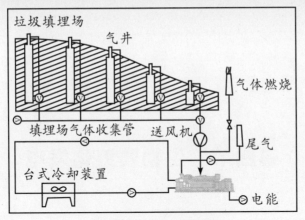

垃圾填埋气发电示意图

3. 上海老港垃圾填埋场是全国最大的垃圾填埋场，面积有 4.2 平方千米。每天承担上海市区 70％以上生活垃圾的装运和处理。在填埋场内，已累计填埋垃圾 4200 多万吨。每天有近百辆垃圾运输车，每年运行距离达 250 多万千米，可绕地球赤道 63 圈。下图是规模很大的垃圾码头。

垃圾运输车队

垃圾码头

第四节　生物质液化发电

一　啤酒发电

澳大利亚在全球首次推出使用微生物的"啤酒发电"，它是利用微生物来分解啤酒酿造废液的生物发电。它采用细菌燃料电池，当细菌在吞噬啤酒酿造废液中所含的淀粉、酒精和糖分的过程中会产生电力，同时对废水进行净化。该细菌燃料电池的容量为 2 千瓦，可供家庭使用。

二　甲醇发电

日本的一个民间组织正在开发将甲醇用作发电厂燃料的新工艺，并研制出一套试验设备，利用甲醇发电，其转化率约为 31％，可望提高到 40％。这主要因为甲醇可转化为一种高热值气体，用来燃烧发电。今后将研究如何用家庭垃圾来生产甲醇，再用甲醇来发电。

三　甲醇燃料电池

只要把少量甲醇灌入燃料电池，它就能连续发电。输出电压约为 5 伏，电流可达 400 毫安。可用于手机充电或照明。

第五节 生物质气化发电

利用生物加工废料、生活垃圾及畜禽粪便等生物质原料进行气化发电，是一种利用生物质能的方式。其残渣可做肥料。

一 秸秆气化发电系统

首先把稻麦秸秆、木屑、玉米秆、稻壳、花生壳、杂草、树枝等，经粉碎、混合、挤压等工艺制成颗粒燃料，再将颗粒燃料经输送机送入气化炉中直接燃烧。

颗粒燃料经热解气化反应转换成可燃气体，在净化器中，除去燃气中的灰尘、水分等杂质，冷却到常温，由风机加压送到储气柜。储气柜主要作用是稳定燃气压力、平衡用气量的波动。经燃气输配系统，将燃气供用户使用或进入燃气轮机发电机组发电。该系统由气化机组、储气柜、净化器、燃气输配系统和燃气发电机组组成。

意大利有一家公司采用将垃圾气化后发电的新技术，最终产生的灰烬为原垃圾量的 15％～20％。其工艺大致为：先除去垃圾中的金属（如铁），然后把垃圾粉碎压成块状，放入高大的金属气化器内，使之产生可燃气，最后进入燃气轮机进行发电。使用这项技术投资费用比垃圾焚烧发电低，一般在一年半左右可收回投资成本。

二 稻壳气化发电

1981 年我国第一台稻壳气化发电机在苏州八圻米厂成功投运，功率为 160 千瓦。采用固定床气化炉，用内燃机组发电，使用旋风分离器除尘，机组容量有 60 千瓦、160 千瓦、200 千瓦三种。到 1998 年底，共开发了 300 多台稻壳气化发电机组。

我国优质大米生产基地——安徽省南陵县利用稻壳发电技术，在城关米厂建成 2 台 200 千瓦发电机组，并已发电近 50 万千瓦时。这种机组每发电 1 万千瓦时，只需燃烧稻壳 30 吨。稻壳经焖烧工艺处理后产出 10 吨炭化稻壳，这是一种新型保温材料，有较高的经济价值。作为大米生产基地，仅城关米厂每年生产大米的稻壳就有 4000 吨，该发电项目不仅使该厂实现了电力自给，还为稻壳的综合利用创造了条件。

三 生物质气化（燃—蒸联合循环）发电

生物质气化发电技术是把农作物秸秆、稻壳、木屑、树皮、杂草等多种原材料首先转化成可燃气，再利用燃气发电设备来发电。整个过程包括生物质气化、气体净化、燃气发电三个部分。为了提高发电效果，系统采用燃气—蒸汽联合循环，即燃气发电后的高温余气进入余热锅炉，使之产生高温蒸汽，再去推动汽轮发电机组发电，其发电功率可达 4000～6000 千瓦，发电效率为 25％～28％，每度电原料消耗为 1.0～1.2 千克。右图为生物质气化发电设备。

生物质气化（燃—蒸联合循环）发电

四 生物质热裂解气化发电

生物质热裂解技术的基本原理，是通过对有机物的适度加热，使组成有机物的大分子链在一定压力、温度、时间等条件下发生断裂，而转化成易处理和可再生利用的气（可燃气体）、液（裂解油）、固（炭）三种状态的初级能源物质。由于没有燃烧过程，因此可以有效地控制二噁英的排放。

济南省利用大米草和农作物秸秆等生物质原料，采用热解气化技术，在缺氧状态下加热反应，产生可燃气体，通过净化处理后，用于炊事、发电和供热，实现气、电、热三联供。

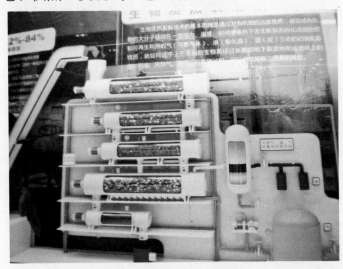

生物质热裂解气化示意图

五 湿式生物质气化发电系统

湿式生物质气化发电系统既安全又清洁，除可处理畜禽排泄物外，还能产生电力、热水和堆肥。

该系统有四大功能：

（1）能合理、安全地处理畜禽排泄物；

（2）能安全、方便地处理生活垃圾；

（3）能发电及供应热水；

（4）能制堆肥用于绿化。

六　生活垃圾低温负压热馏处理发电

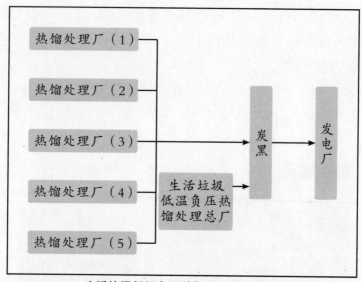

生活垃圾低温负压热馏处理发电框图

福建一家环保公司创新采用低温负压热馏炉，代替现有的生活垃圾中转压缩站，成为生活垃圾终端处理厂，实现生活垃圾减量化、无害化。其产品为热馏气、焦油、炭黑。各热馏站的炭黑产品经加工精选之后，成为优质的固体燃料。公司建设日处理 1000 吨低温负压热馏厂一座，日处理 300 吨炭黑精选厂一座，可配套建设年发电 1.7 亿千瓦时的发电厂一座，投资约 3.5 亿元，实现生活垃圾处理的资源化目标。

第六节　有趣的生物质能发电探索

生物质能的开发前途无限，如目前世界上已在大规模种植能源植物如大米草、象草、油树等。有的国家开发用海藻发电，开发用海藻点亮 LED 灯；美国试验用狗粪点亮路灯；英国试验用尿液来获取尿素能，通过燃料电池得到电能。

一　日本开发海藻发电新技术

日本科学家开发一种生物质发酵系统，利用海边的海藻生产发电燃料，如下图。

海藻生物质能发酵设备

海藻中脂类含量高达 67％，它可以作为生物质能使用，代替煤炭、石油、天然气等资源。海藻生物质能发酵设备把收集来的大量海藻碾碎，再加水搅成藻泥。藻泥被微生物降解成半液体状，降解过程产生的甲烷气体又被用作燃料，可供内燃机发电。

每处理 1 吨海藻，能产生 20 立方米甲烷气体，每小时可发电 10 千瓦时。利用海藻生物质能发电，极具环保价值，残渣还可以做肥料，此项技术具有很大的发展前途。

二　大型会展期间产生的生物质能供燃料电池发电

在大型会展期间，大量参观人员产生的剩饭剩菜等餐余垃圾，经过微生物发酵，分解出一种气体，可以作为燃料电池的燃料发出电来。

三　大黄蜂能收集太阳能并可转换成电能

以色列科学家发现，亚洲大黄蜂有收集太阳能并将其转换为电能的能力，在其腰中的黄色环就是它的"太阳能电池"，它会吸收太阳光发出电来。科学家们还发现，大黄蜂身体中还有一个类似热泵的系统，使它即使在阳光直晒时，也能保持体温比外界温度略低。

大黄蜂腰缠"太阳能电池"

四　用狗粪点亮路灯

美国一个停车场利用狗粪点亮路灯。这一装置是个甲烷消化器，用来代替垃圾桶。使用步骤：

宠物广场

（1）将宠物狗的排泄物用可降解袋子装好；

（2）将袋子丢进伸出地面的管口，进入地下的发酵容器；

（3）摇动设备上的手柄，搅拌混合物，同时使容器内的甲烷上升到容器顶部；

（4）到晚上，甲烷通过管道输到地面上的路灯，用电火花点燃甲烷发出光，路灯就亮了。

五　用尿液能发电

2009 年美国俄亥俄大学科学家通过电解尿液获得氢气，用于燃料电池。经试验，一头母牛的尿液可以取得为 19 个家庭提供烧热水的能量。但此方法本身耗电量太大，不宜推广。

英国斯特莱丝克莱德大学的科学家从事燃料电池新技术、新材料开发的研究近 20 年，经过一年多尿液电解获取氢气的实验研究，直接从尿液中成功获取了"尿素能"，并能计算出尿素燃料电池产生的电量。一个成年人一年的尿液产生的"尿素能"，可供轿车行驶 2700 千米。如有 200 人，一天的尿液可产生 12 千瓦时电。

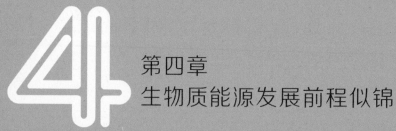

第四章
生物质能源发展前程似锦

随着全球大量使用化石能源所出现的问题，包括资源的有限性和环境污染问题，发达国家和发展中国家都把生物质能作为重要的能源予以重视。生物质能在燃烧过程中也释放 CO_2，但由于其在再生的过程中又吸收 CO_2，因此，生物质能被认为是对环境影响中性的能源，特别是其可再生性，使生物质能成为重要的可再生能源，属于发展的优先领域。21 世纪是生物学世纪，生物科技的成功发展，将为生物质能发展提供有力的理论基础、技术支撑和光明前途。

第一节　发展我国生物质能的产业链

一　大力发展生物质能的原料

地球上每年植物光合作用固定的碳达 2×10^{11} 吨，含能量达 3×10^{21} 焦，因此每年通过光合作用贮存在植物的枝、茎、叶中的太阳能，相当于全世界每年耗能量的 10 倍。生物质遍布世界各地，其蕴藏量极大，仅地球上的植物，每年生产量就相当于现阶段人类消耗矿物能的 20 倍，或相当于世界现有人口食物能量的 160 倍。虽然不同国家单位面积生物质的产量差异很大，但地球上每个国家都有某种形式的生物质。生物质能是热能的来源，为人类提供了基本燃料。

生物质能的循环发展

　　我国拥有丰富的生物质能资源，类别有农业废弃物、林业废弃物、生活垃圾、工业垃圾、能源作物、能源林木等。现阶段可供开发利用的资源主要为生物质废弃物，包括农作物秸秆、薪柴林、禽畜粪便、工业有机废弃物和城市固体有机垃圾等。

　　近年来，我国在生物质能利用领域取得了重大进展。截至 2010 年年底，生物质发电装机约 550 万千瓦，沼气年利用量约 130 亿立方米，生物质固体成型燃料年利用量为 50 万吨左右，非粮原料燃料乙醇年产量为 20 万吨，生物柴油年产量为 50 万吨左右。

　　"十一五"期间是我国农村沼气建设投入最大、发展最快、受益农户最多的时期，国家累计投入农村沼气建设资金达 212 亿元。在中央投资的带动下，农村沼气建设数量不断扩大、投资结构不断优化、服务体系逐步健全、沼气功能进一步拓展、沼气产业迅速发展，进入建管并重、多元发展的新阶段。

二 燃料乙醇、生物柴油等重点产品的展望

1. 燃料乙醇的展望。

随着科学技术的进步,酒精发酵工业也将在我国出现飞跃式发展,但从目前看来,酒精生产中还存在很多亟待解决的问题。主要体现在以下几个方面。

(1) 解决代粮节料的问题,探讨如何把目前酒精生产所用的原料耗量减少,降低吨酒精的原料费用。例如发展红薯种植,形成新的能源植物,如下图。

我国人口众多,粮食保障是头等大事。红薯是第四大粮食作物,也是高产、优质的能源植物。2007 年,国家发展和改革委员会发文,正式宣布停止一切以粮食生产燃料乙醇的项目,鼓励发展红薯、甘蔗、甜高粱等非粮食原料生产燃料乙醇。我国目前每年红薯的种植面积在 750 万公顷左右,占世界种植面积的 62%,总产量占世界的84%。红薯的产量高,单位面积能源产出几乎相当于玉米的 3 倍;出酒率高,10 吨鲜薯或 2.8 吨薯干就可生产 1 吨酒精,而且生产成本也是目前粮食酒精中最低廉的。总之,加工增值效益高,使红薯成为发展生物质能源的首要选择。扩大红薯种植面积,可以利用沙地、滩涂、盐碱地,做到不和主要粮食作物争地。红薯是匍匐生长的,生产

期受台风影响小，而且田间种植是用无性繁殖，不会因大量传粉引起基因漂移，即使进行转基因试验，对环境的影响也小。红薯适应性强，产量高，采用集约化种植，效益明显高于小麦、玉米。

（2）选育性能优良的新菌种。当前生产中所用的菌种，无论是曲酶糖化菌，还是发酵用酵母菌，与世界上先进国家相比还有很大差距，远未达到原料的理论产值，这些都需寻找和驯养新菌种，以此推动酒精发酵生产技术水平提高。

（3）采用先进的科学技术。由于科学技术不断发展，产量质量标准也在不断提高，对现有的生产技术提出了新的、更高的要求，所以必须吸取国内外的先进经验，采用先进的科学技术和先进工艺，才能在较短时间内解决生产上存在的问题。

总而言之，酒精发酵工业今后的发展方向也就是研究如何代粮节料、采用先进的科学技术、选用先进工艺、选育新菌种，研究设计性能完美的工艺。

2. 生物柴油的主要问题。

生物柴油制备成本的75％是原料成本。因此采用廉价原料及提高转化率从而降低成本是生物柴油能实现实用化的关键。美国已开始通过基因工程方法研究高油含量的植物，日本采用工业废油和废煎炸油，欧洲是在不适合种植粮食的土地上种植富油脂的农作物。

但我国现有耕地资源贫乏，用来发展能源作物的耕地十分有限，依靠种植油料作物为生物柴油提供油源不符合我国国情。

自然界中少量微生物在适宜条件下产生并贮存质量超过其细胞干重20％的油脂，具有这种表型的菌种称为产油微生物。产油微生物利用可再生资源，得到的微生物油脂与植物油脂具有相似的脂肪酸组成，产油微生物具有资源丰富、油脂含量高、生长周期短、碳源利用谱广、能在多种培养条件下生长等特点。同时微生物油脂生产工艺简单，高值化潜力大，有利于进行工业规模生产和开发，因此具有广阔的开发应用前景。

目前中国、日本、德国、美国等国已有商品微生物菌油或相应下游加工产品面市，但生产成本还较高。随着现代生物技术的发展，将可能获得更多的微生物资源。如通过对野生菌进行诱变、细胞融合和定向进化等手段能获得具有更高产油能力或其油脂组成中富含稀有脂肪酸的突变株，提高产油微生物的应用效率。

据美国国家可再生能源实验室（NREL）报告，微生物油脂发酵可能是生物柴油产业和生物经济的重要研究方向。微生物生产油脂不仅具有油脂含量高、生产周期短、不受季节影响、不占用耕地等优点，而且可用细胞融合、细胞诱变等方法，使微生物产生高营养油脂或某些特定脂肪酸组成油脂，如具有特定生理功能的EPA（二十碳五烯酸，是一种不饱和脂肪酸）、DHA（二十二碳六烯酸，俗称脑黄金）、类可可脂以及生物柴油等，这样又形成了新的交叉性学科——微生物油脂学。

微生物油脂学已经成为新的交叉性学科

微生物油脂是继植物油脂、动物油脂之后开发出来的又一人类食用油脂新资源。20世纪80年代以来，γ-亚麻酸（GLA）、花生四烯酸（AA）含量高的微生物相继在日本、英国、法国、新西兰等国投入工业化生产，日本、英国已有AA发酵产品投入市场。20世纪90年代以来，开发利用微生物进行功能性油脂的生产成为一大热点，如利用深黄被孢霉进行GLA的生产，以及利用微生物培养生产EPA、DHA等营养价值高且具有特殊保健功能的功能油脂的研究。

你知道吗

EPA 是 eicosapentaenioc acid 即二十碳五烯酸的英文缩写，是鱼油的主要成分。EPA 属于 Ω－3 系列多不饱和脂肪酸，是人体自身不能合成但又不可缺少的重要营养素，因此称为人体必需脂肪酸。虽然亚麻酸在人体内可以转化为 EPA，但此反应在人体中的速度很慢且转化量很少，远远不能满足人体对 EPA 的需要，因此必须从食物中直接补充。

DHA 是 docosahexaenoic acid 即二十二碳六烯酸的英文缩写，俗称脑黄金，是一种对人体非常重要的多不饱和脂肪酸，属于 Ω－3 不饱和脂肪酸家族中的重要成员。DHA 是神经系统细胞生长及维持的一种主要元素，是大脑和视网膜的重要构成成分，在人体大脑皮层中含量高达 20%，在眼睛视网膜中所占比例最大，约占 50%，因此，对胎婴儿智力和视力发育至关重要。

微生物产生生物柴油的工业经济意义十分突出，引起全世界的普遍关注。

微藻生产柴油也为柴油生产开辟了另一条技术途径。美国国家可再生能源实验室（NREL）通过现代生物技术建成工程微藻，即硅藻类的一种工程小环藻。在实验室条件下可使工程微藻中脂质含量增加到 60% 以上，户外生产也可增加到 40% 以上。工程微藻中脂质含量的提高主要由于乙酰辅酶 A 羧化酶（ACC）基因在微藻细胞中的高效表达，在控制脂质积累水平方面起到了重要作用。利用工程微藻生产柴油具有重要的经济意义和生态意义，其优越性在于微藻生产能力高、用海水作为天然培养基可节约农业资源；比陆生植物单产油脂高出几十倍；生产的生物柴油不含硫，燃烧时不排放有毒气体，排入环境中也可被微生物降解，不污染环境。发展富含油质的微藻或者工程微藻是生产生物柴油的一大趋势。

我国微藻制油已经走上快车道，2011年春天，启动"微藻能源规模化制备的科学基础"的研究，这是我国微藻能源方面首个国家重点基础研究发展计划（"973计划"）项目，由国内十几家高校、科研院所和生物质能大企业单位联合组织实施。位于天津空港经济区的中国科学院天津工业生物技术研究所承担了六大系列课题中的三个子课题。预计至2015年该项目结题，有望突破微藻制油的高成本瓶颈。

上海世博会中国馆的"低碳行动"展区

三　集中力量、因地制宜发展生物质能产业

"十二五"期间我国发展生物质能产业的主要障碍，首先是与粮争地。生物质能资源与粮食的矛盾在中国尤其突出，这一实际情况决定了我国应当走以废弃物为原料的生物质能源发展之路。其次是技术

落后，国内的生物质能源产业整体技术水平薄弱，转化率低，原料消耗大，企业生产成本较高，难以形成具备盈利能力的产业。

建议相关政府部门要看到生物质能发展的潜质与前途，通过建立准入制度，规范产业发展，避免产生"想做事的做不成，投机取巧者却竞相进入"的现象。此外，应该通过政策引导、宣传等方式来鼓励用户使用生物质能等新能源。

四 "十二五" 规划目标明确，措施给力

"十二五"时期是我国转变能源发展方式、加快能源结构调整的重要阶段，是完成 2020 年非化石能源发展目标、促进节能减排的关键时期，生物质能面临重要的发展机遇。

"十二五"规划分析了国内外生物质能发展现状和趋势，阐述了"十二五"时期我国生物质能发展的指导思想、基本原则、发展目标、规划布局和建设重点，提出了保障措施和实施机制，是"十二五"时期我国生物质能产业发展的基本依据。到 2015 年，我国生物质发电装机容量达到 1300 万千瓦，集中供气达到 300 万户，成型燃料年利用量达到 2000 万吨，生物燃料乙醇年利用量达到 300 万吨，生物柴油年利用量达到 150 万吨。

这些目标相对于完成情况并不理想的生物质能"十一五"规划而言，无疑将有巨大的发展潜力。

第二节　生物质能源研发的瓶颈与对策

一　能源植物资源与改良

木薯及其亲缘种都是低地的热带灌木,起源于热带美洲。木薯是世界三大薯类作物之一,在土地相对贫瘠的地区广泛种植,过去常常被当作食品和饲料。随着生物乙醇生产对原料的需求,木薯根块的淀粉含量比玉米高,使木薯得到了新的应用,种植规模的扩大将给农民带来更多的收入,有利于促进经济发展。

我国十分重视木薯产业的发展,广泛推动木薯淀粉生产燃料乙醇;加强木薯新品种研发,综合利用、经济分析和新技术应用,表明木薯可以比玉米生产出更多的乙醇,是一种非常有竞争力的生物乙醇生产原料。

木薯新品种

二　生物质液化和液态生物质燃料的研发

在生物质液化和液态生物质燃料研究领域中，国内外都非常关注微藻能源技术，我国已将其列入"973"项目，集中国家的人才、设备、基础研究和研究经费等综合优势，希望到2015年有所突破。微藻是一种低等植物，在陆地、海洋分布广泛，种类繁多。微藻光合作用效率非常高，可直接利用阳光、二氧化碳和氮、磷等简单营养物质快速生长，合成油脂、蛋白质、多糖、色素等物质。在2010年上海世博会的最佳实践区中的"沪上·生态家"的展览里，微藻培养是未来时尚家庭的重要组成部分，可以综合利用家庭的阳光、污水、二氧化碳等繁殖微藻。微藻可以加工成生物柴油，微藻释放氧气，供给人们需要，达到节约能源、保护环境、美化生活的综合目的。

上海世博会最佳实践区中的"沪上·生态家"

我国微藻基础研究力量较强，拥有一大批淡水和海水微藻种质资源，在微藻大规模养殖方面走在世界前列，养殖的微藻种类包括螺旋藻、小球藻、盐藻、栅藻、雨生红球藻等。中国科学院大连化学物理研究所等单位在产氢微藻、清华大学等单位在产油淡水微藻方面具有一定的研究基础。

以山东省青岛市为中心，汇集了一批堪称"国家队"水平的海洋科研机构。中国科学院海洋研究所获得了多株系油脂含量在30%～40%的高产能藻株，微藻产油研究取得了重要成果。

中国海洋大学拥有海洋藻类种质资源库，已收集600余株海洋藻类种质资源，目前保有油脂含量接近70%的微藻品种，在山东省无棣县实施的裂壶藻（油脂含量50%，DHA含量40%）养殖项目正在建设。

另外，我国在利用滩涂能源植物，如碱篷、海滨锦葵、油葵以及地沟油制备生物柴油方面开展了一系列研究，取得了一些重大技术突破。我国和中东正在积极研发海蓬子——一种新的能源植物。

海蓬子

一位中国科学院院士强调，微藻是潜力很大的生物能源，但规模和成本是目前开发微藻的两大瓶颈问题，因此要把微藻生物柴油技术作为一项长远事业，重视方案和路线选择。中国科学院与中国石化集团在微藻生物柴油这一前瞻性领域从一开始就以产业为导向紧密合作，为学术界与工业界的合作提供了很好的示范，具有重要意义。中国科学院目前正在实施太阳能行动计划，微藻生物能源是其中的重要组成部分。

中国石化集团技术负责人指出，在项目技术经济性方面，目光要放长远，坚持长期作战。随着技术进步及环境要求提高，微藻生物柴油技术会体现出竞争力。合作双方应优势互补，争取推出高水平的科学技术成果。

专家建议，利用微藻制取生物柴油，具有重要的政治、经济、科学意义，需要国家立项支持，各部委在科技立项时，要向微藻制油倾

新能源在召唤丛书

斜，鼓励相关企业开发微藻制油自动化设备，大力促进微藻制油产业化。

三　生物质气化生产

生物质气化是生物质能源转化过程最新的技术之一。生物质原料通常含有 $70\%\sim90\%$ 的挥发成分，这就意味着生物质受热后，在相对较低的温度下就有相当量的固态燃料转化为挥发分物质析出。

由于生物质这种独特的性质，因此气化技术非常适用于生物质原料的转化。它不同于完全氧化的燃烧反应。它的气化是通过两个连续反应过程将生物质中的内在能量转化为可燃烧气体，即生物质可燃气（BGF），既可以供工业生产直接燃用，也可以进行热电联产联供，从而实现生物质的高效清洁利用。

下图是生物质气化燃烧工艺流程中的气化炉、旋风分离器和高温空气换热器等装置。

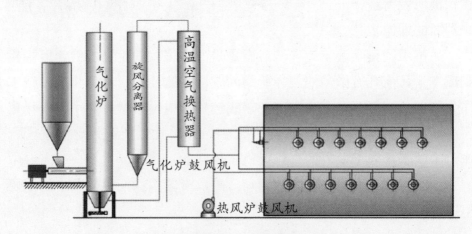

生物质气化燃烧装置

四　制备氢的研究和开发

中国科学院能源领域战略研究组提出我国未来氢能和燃料电池的发展规划。

138

下图是我国到 2050 年氢能及燃料电池的发展规划路线图：

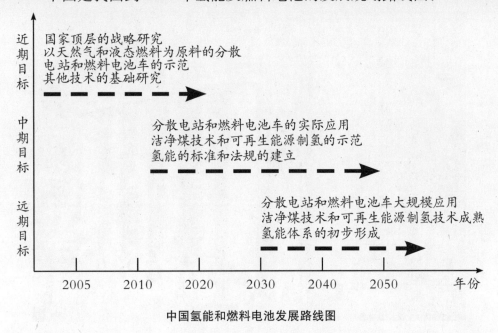

中国氢能和燃料电池发展路线图

　　另外，甲醇裂解—变压吸附联合工艺制取氢气是适用于中小型用氢规模的制氢装置技术，我国经过近十年的研究改进，已经达到国际先进水平，并先后成功地在一百多家企业得到工业化运用，同时先后获得数项国家专利。

　　上述制氢工艺流程：甲醇和脱盐水经混合、加压、汽化、过热进入反应器，在催化剂作用下，反应生成 H_2、CO_2、CO 等混合气，混合气经变压吸附（PSA）分离技术一次性获得高纯氢气。该技术特点是生产技术成熟，运行安全可靠，原料来源容易，运输贮存方便，价格稳定；流程简洁，装置自动化程度高，操作简单、易行；占地小，投资省，回收期短；能耗低，产品成本低，无环境污染。特别是随着我国生产甲醇装置的大规模建设投产（内蒙古鄂尔多斯生产甲醇500 万吨/年、海南 120 万吨/年、重庆 90 万吨/年、黑龙江鹤岗 120万吨/年、新疆石河子 60 万吨/年、陕西神木 60 万吨/年、山东 30 万吨/年等），可以预见，甲醇裂解制取氢气的生产成本也会大幅度降低，产品的竞争力将得到不断的提高。

下图是甲醇裂解制取氢气的装置。

甲醇裂解制取氢气的装置

五　提高生物质能的自主科技创新能力

深入研究光合作用，为改良能源植物及其能源产物提供理论指导，分析影响光合作用的因素，为合理密植、植物间种或套种等，创造最佳条件，提供能源植物的产量和产物质量。

中国科学院沈允钢院士带领的团队，在光合磷酸化研究的基础上，继续探究相关因素的作用。

我们要努力培养青少年学科学、用科学，鼓励他们勇于创新、不断探索，引导他们多实践、多观察，从实验中不断提高植物光能的利用率，把他们培养成为将来提高农业生产和能源植物生产的核心技术人才。

如何提高光能利用率?

◆延长光合时间
①提高复种指数
②补充人工光照
◆增加光合面积
①合理密植
②改变株型
◆提高光合效率
①增加CO_2浓度
②降低光呼吸
③高光效育种

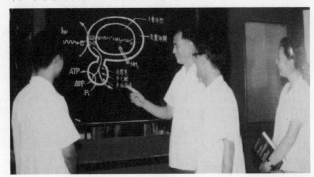

验证光合作用　活动馆

取一只大可乐瓶,瓶内放入适量生长旺盛的金鱼藻,装满清水;再选用合适双孔橡胶塞,其中一小孔插一个长颈大漏斗,另一小孔插入一支玻璃管,其上接一个带尖嘴玻璃管的乳胶管,用止水夹夹住。然后用凡士林将瓶口与胶塞、胶塞与漏斗颈之间的缝隙密封。把可乐瓶置于阳光下,可见金鱼藻光合作用产生的气泡不断上升,致使瓶内的水进入漏斗。当瓶内气体达到一定量时,松开止水夹,气体能使带火星的木条复燃,证明绿色植物光合作用能产生氧气。

六　中国需要开发三种绿色能源

　　开发绿色能源是落实科学发展观的一项基本战略。一位中国工程院院士提出,我国需要开发三种概念的绿色能源,在今后的几十年内,不仅能够解决我国能源的需求问题,而且可以显著改变我国的能源结构,使其逐步绿色化,以达到"资源节约型、环境友好型社会"

的要求。

1. 什么是三种绿色能源？

绿色能源指新型的清洁能源，即太阳能、氢能、生物质能。

专家指出，绿色能源是指低污染或无污染的环境友好型能源；可再生能源属于绿色能源范畴，它的最大特点就是可再生，主要包括水能、风能、生物质能、太阳能等；新能源则是相对于传统能源而言的，主要包括核能、风能、生物质能、太阳能等，而水电发展起步较早，不属于新能源行列。

2. 我国生物质能的重点发展时间进程。

生物质能是蕴藏在生物质中的能量，是绿色植物通过光合作用将太阳能转化为化学能而贮存在生物内部的能量。它是绿色能源，是可再生、可循环使用的新能源。中国科学院能源领域战略研究组提出以下研究时间进程，指导我国生物质能的有序、快速、健康发展。

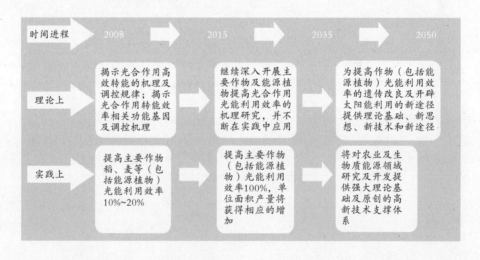

3. 国家加大投入，研究植物光合作用，利用建成的东亚最先进的人工气候室。

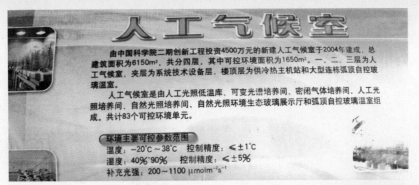

绿色植物产业中种植业、养殖业和农副产品加工业的有机结合

我国著名植物生理学家沈允钢院士在 21 世纪伊始，就在《国际技术经济研究》期刊上发表重要文章《二十一世纪的绿色植物产业》，阐述了现代农业对经济和社会的可持续发展所做的贡献，并指出存在的问题；综述了"绿色植物产业"的主要特征是"更大规模、更有效地利用太阳能，是种植业、养殖业、农副产品加工业按生态学原理的有机组合，统筹兼顾社会效益、经济效益和生态环境效益"，这为发展生物质能奠定了理论基础。

结尾的话

一 我国 "十二五" 期间生物质能的发展规划

"十二五"期间我国生物质能源产业将迎来快速发展期。政府推动生物质能源的决心和相关的扶持政策必然将会吸引企业投入生物质能源领域，带动产业的发展。到 2015 年底，比"十一五"期间有大幅度提高。

生物质能在"十二五"规划与"十一五"时期结果比较

五年规划	"十一五"	"十二五"
生物质发电装机容量	550 万千瓦	1300 万千瓦
集中供气	—	300 万户
成型燃料年利用量	50 万吨左右	2000 万吨
生物燃料乙醇年利用量	20 万吨	300 万吨
生物柴油年利用量	50 万吨左右	150 万吨
生物质发电并网后电价（元/千瓦时）	0.50 元	0.75 元
正式启动车用乙醇汽油	9 个省	更多的省（区、市）

我国现代化建设已经步入法制化轨道，举国上下逐步实行积极立法、依法行政、依法办事的理性建设道路。2010 年 11 月，国家质检

总局、国家标准委发布了生物柴油调和燃料（B5）标准名列；12月26日，国家税务总局宣布对利用废弃的动物油和植物油为原料生产的纯生物柴油免征消费税。这表明，针对生物质产业的政策和标准将陆续出台，相关产业政策缺失的问题将在"十二五"期间得以解决，生物质能无疑将有巨大的发展潜力。

二 生物质能专业信息传播、交流

2011年3月8日，由全国工商联新能源商会和中国科学技术馆共同主办的"中国生物质能源展示会"在北京科技馆拉开帷幕。生物质能源已经成为世界第四大能源和首屈一指的可再生能源，排位仅次于煤炭、石油和天然气。据了解，我国目前每年可开发的生物质能源约合12亿吨标准煤，超过全国每年能源总耗量的1/3。

我国与生物质能信息有关的报纸、期刊并不少，如《中国能源报》、《生物质能》、《微生物学报》、《生物工程学报》等报刊，有关生物质能的网上信息也是及时、大量地传播。例如，广东信宜围绕沼气发酵产业，集成网络信息，有关沼气的各种各样设备、器材、零配件等，都能搜索得到，可以完成一站式服务，对沼气产业发展十分有利。

三 加强国际合作，促进现代生物科技和 生物质能的研究与开发健康发展

2009年美国总统访华时，由中美两国领导人共同宣布筹备组建"中美清洁能源联合研究中心"，以促进双方务实开展清洁能源合作，共同应对能源、环境、气候问题带来的挑战。2011年1月，该中心启动了联合研究计划。

2011年3月，在复旦大学举办"中欧CO_2利用和生物质能转化合作研讨会"上，来自欧洲和中国的专家学者们济济一堂，共同探讨CO_2利用和生物质能转化这两个与全球环境变化紧密相关的热点问题。

2011年5月，于华盛顿召开的第三轮中美战略与经济对话会议上，中美双方就新能源合作达成了多项共识。同意在"中美能源合作项目"、"中美可再生能源伙伴关系"、"中美页岩气合作谅解备忘录"等既有合作框架下，中美双方将在大规模风电开发、清洁能源生产和存储、智能电网开发等方面进行务实合作。

中国新能源发展缺少核心技术和先进的管理经验，而美国恰好在这些领域占据优势，中美能源方面的合作将有一个双赢结果。深入开展智能电网、大规模风电开发、天然气分布式能源、页岩气和航空生物燃料等方面务实合作，承诺分享能源监管经验和实践信息。

2012年3月28日上午，中美能源合作项目（ECP）第二次年度工作会议在京召开。国家能源局各司、商务部美大司、22家中国企业和科研机构，以及ECP 25家美国成员公司均派员参加。与会代表就中国能源"十二五"规划，各能源领域发展趋势和潜在合作机会进行了广泛探讨。

21 世纪是生物科技大发展的时代，生物科技与微电子信息技术的密切合作、交叉发展，在当前罕见的金融危机的催促下，将发生一场新的技术革命。在生命科技的支撑下，现代生物质能发展的方向是高效清洁利用，将生物质能转化为优质能源，包括电力、燃气和液体燃料等。

英国沃里克大学等机构研究人员发现一种红球菌能分泌一种具有分解木质素能力的酶。以前也曾发现某些真菌能分泌类似的酶。

微生物是现代生物科技中最重要的研发对象，在分子生物学、基因组学、酶学、生物代谢组学等方面的研究都取得了突出的成就。近年来研究红球菌很热门。

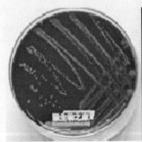

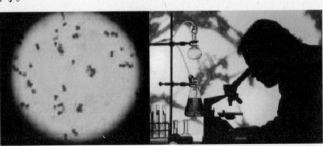

培养皿上生长的菌落　　　显微镜下看到的　　　微生物工作者在工作
　　　　　　　　　　　　　红球菌菌体

细菌比较容易培养，并且这种红球菌的基因组早已完成测序，可以较方便地使用基因手段来改变这种细菌，从而利用它大规模生产分解木质素的酶。这样有利于发展生物质燃料，不与粮食生产冲突。红球菌在我国也有许多深入的研究。

联合国的下属组织全球生物能源伙伴关系（Global Bioenergy Partnership，GBEP）近期公布了一项非强制性政策，即各国在生产和使用生物质或者生物燃料时，不得影响气候变化和粮食价格。GBEP 主席兼意大利环境与国土部国际合作司司长 Corrado Clini 表示，随着全球热带雨林破坏的连年增长，全球变暖趋势将加剧，我们需要多种植棕榈油树储存二氧化碳。我国有大量速生植物，科学规划、积极种植也可以达到储存二氧化碳的目的，并且可以作为生物质能的原料。

总之，走国际合作的道路，推动生物质能的科技发展，有利于可再生的生物质能的发展利用，有利于共同控制环境污染和气候恶化。

我国政府对生物质能源利用极为重视，已连续在四个"五年计划"期间将生物质能利用技术的研究与应用列为重点科技攻关项目，国家和地方的科技系统开展了生物质能利用技术的研究与开发，如户用沼气池、节柴炕灶、薪炭林、大中型沼气工程、生物质压块成型、气化与气化发电、生物质液体燃料等，取得了多项优秀成果。法制建设方面，《可再生能源法》已于 2006 年 1 月 1 日起正式实施，陆续出台了相应的配套措施，并于 2009 年年底进行修订。这表明中国政府已在法律上明确了可再生能源包括生物质能在现代能源中的战略地位，国家在政策上给予了巨大优惠及扶持。可以充分相信，中国生物质能发展和投资的前景是极为广阔而光明的。

图书在版编目（CIP）数据

话说生物质能 / 翁史烈主编 . —南宁：广西教育
出版社，2013.10（2018.1 重印）
（新能源在召唤丛书）
ISBN 978-7-5435-7580-6

Ⅰ . ①话… Ⅱ . ①翁… Ⅲ . ①生物能源 – 青年读物
②生物能源 – 少年读物　Ⅳ . ① TK6-49

中国版本图书馆 CIP 数据核字（2013）第 286572 号

出　版　人：石立民
出版发行：广西教育出版社
地　　　址：广西南宁市鲤湾路 8 号　　　邮政编码：530022
电　　　话：0771-5865797
本社网址：http: // www.gxeph.com
电子邮箱：gxeph@vip.163.com
印　　　刷：广西大华印刷有限公司
开　　　本：787mm×1092mm　　1/16
印　　　张：10.25
字　　　数：139 千字
版　　　次：2013 年 10 月第 1 版
印　　　次：2018 年 1 月第 6 次印刷
书　　　号：ISBN 978-7-5435-7580-6
定　　　价：33.00 元
如发现印装质量问题，影响阅读，请与出版社联系调换。